KOPF + NUSS

W0228333

Johannes
Lehmann

Mathe mit Herz

Urania-Verlag
Leipzig · Jena · Berlin

Mathe mit Herz / Johannes Lehmann. – 1.Aufl. – Leipzig ; Jena ; Berlin :
Urania-Verl., 1991
(Kopf + Nuss)
ISBN 3-332-00479-4
NE: Lehmann, Johannes

ISBN 3-332-00479-4
1. Auflage 1991
Alle Rechte vorbehalten
© Urania-Verlagsgesellschaft mbH, Leipzig
Urania-Verlag Leipzig · Jena · Berlin, 1977
Lektor: Konrad Haase
Illustrationen: Rita Melzig und Hasso Seyferth
Typographie: Peter Mauksch, Leipzig
Umschlaggestaltung: Heinz Kraxenberger, München
Satz und Druck: Interdruck Leipzig GmbH
Printed in Germany

Inhalt

Zum **Geleit**

Liebe Kopf + Nuß-Genießer!

Mathe mit Herz! Das ist die Schlagzeile fürs ganze Berufsleben des Autors Johannes Lehmann. Was heißt Berufsleben? Wer etwas richtig tut, tut es mit ganzer Seele. Und Johannes Lehmanns Wahlspruch war seit eh und je: Was gilt, ist handeln!
»Warum machen Sie so eine bunte, anschauliche Mathematik?« habe ich ihn gefragt.
»Ach wissen Sie, im Sport wundert sich niemand, daß ein Muskel streikt, wenn er kalt ist, oder denken Sie an den Musikunterricht – man läuft sich warm, singt zur Probe. In Mathe soll's gehen, wie aus der Pistole geschossen.« Johannes Lehmann schaute etwas bekümmert drein: »Ja, deshalb gibt's wahrscheinlich in Mathe so viele Verklemmte; die Hemmungen haben. Begriffsstutzig sind wir doch irgendwann alle einmal. Man muß mit einem Witz darüber hinwegkommen. Bei jedem platzt der Knoten.«
Und dann lächelt er auch schon wieder.
Ob er an einem Sonntag geboren wurde, wollte Johannes Lehmann mir partout nicht verraten. Wundern würde es mich nicht! Jedenfalls ist er für seine Schüler und Leser ein Glücksfall: Er hat von Hause aus ein Herz für Mathematik, ein Herz für seine Schüler. Eine Gabe, gewiß! Kann man doch alle Tage Leute treffen, die ihre Wissenschaft, noch mehr sich selbst, so ernst nehmen, daß man als Azubi in Sachen Mathematik tatsächlich einfach Minderwertigkeitskomplexe bekommt.
Der Autor ist im dritten Jahr der Weimarer Republik geboren, am Ende der Ära der Gas- und Petroleumlampen. Später zog es ihn zu Wirtschaft und Juristerei, aber auch von Kriminalistik und Gerichtsmedizin konnte er nicht lassen. Der Krieg enthob ihn der Entscheidung; in einem Funkortungswagen fuhr Johannes Lehmann von Schlamassel zu Schlamassel.
»Hat Sie der Krieg geprägt?«
»Ich war jung, wissen Sie, wenn man so viel Schweres erlebt hat, freut man sich über jede Kleinigkeit, man ist dankbar für Sympathie. Denn man hat die Menschen von der anderen Seite kennengelernt. Das hab' ich nie vergessen.«
Nach dem Kriege fehlten die Lehrer in Deutschland, es fehlte Brot, es fehlte Sicherheit, es fehlte … Da sich als Kanzleigehilfe kein Geld verdienen ließ, kam Johannes Lehmann, getrieben

Autor und Lektor bei der Suche nach Geschichten rund um die Mathematik an der Wassermühle Höfgen bei Leipzig.
(Foto: Werner Reinhold, Leipzig)

von Zufall und Talent, zur Schulmathematik. Er brachte die Leute mit seiner Frohnatur und seinen Einfällen in so mißlicher Zeit auf seine Seite, wurde Berater für Mathelehrer, kümmerte sich um die Einführung von Matheclubs und Mathematikwettbewerben bis hin zur Internationalen Mathematikolympiade (die nach dem Kriege die Rumänen ins Leben gerufen hatten); schließlich wurde er Chefredakteur einer auflagenstarken mathematischen Schülerzeitschrift. Nun war er so richtig in seinem Element; er machte Tausende von kleinen mathematischen Aufgaben und Späßen.

Mathe mit Herz erschien erstmals und einmalig 1979 unter dem Titel »Mathe mit Pfiff«. Wir haben das Buch erneut aufgelegt. Es gibt heute eher mehr als weniger Leute, die Johannes Lehmanns Talent zum »angeleiteten Warmdenken« für sich ausbeuten möchten. Sie nicht auch?

Ihr

Konrad Haase

7

Rechenung nach der

lenge / auff den Linien vnd Feder.

Darzu Fortheil vnnd behendigkeit durch die Proportiones, Practica genant / Mit gründlichem vnterricht des visierens.

Durch Adam Riesen, im 1550. Jahr.

Cum gratia & privilegio Elect. Saxoniæ speciali.

Wittemberg/

Gedruckt bey Lorentz Seuberlich/ In verlegung Samuel Selfischs. Im Jahr 1611

Adam Ries (1492–1559), einer der berühmtesten deutschen Rechenmeister des 16. Jahrhunderts
(Mit freundlicher Genehmigung der Universitätsbibliothek Leipzig)

Überall natürliche Zahlen

1 Zum Anfang:
$x = 107 \cdot \{700 - [96 : 2 - (45 + 27) : 9] \cdot 5 - 495\} - 135.$

2 Die Summe von acht ungeraden natürlichen Zahlen beträgt 20. Wieviel Lösungsmöglichkeiten gibt es, wenn unter diesen acht Zahlen auch gleiche Summanden vorkommen dürfen?

3 Zwischen den Ziffern 1, 3, 5, 7, 9 sind unter Beachtung dieser Reihenfolge in beliebiger Weise Operationszeichen für die vier Grundrechenarten und eventuell auch Klammern so zu setzen, daß man als jeweiliges Ergebnis folgende natürliche Zahlen erhält:

0, 1, 2, 3, 4, 5, 6, 7, 8, 9, 10.

Beispiel für das Ergebnis 0: $1 + 3 \cdot 5 - (7 + 9) = 0$.

4 Von einer zweistelligen Zahl z ist bekannt, daß die Einerziffer eine dreimal so große Zahl darstellt wie die Zehnerziffer. Vertauscht man die Grundziffern, so entsteht eine Zahl, die um 36 größer als die ursprüngliche Zahl ist. Wie lautet z?

5 Für sechs von Null verschiedene natürliche Zahlen a, b, c, d, e und f gelte

$a + 3b + 5c = 12$ und $d + 3e + 5f = 20$.

Wie groß ist die Summe $a + b + c$, wenn $d + e + f = a + b + c$ gilt? (Löse die Aufgabe mit Hilfe einer Tabelle! Verschiedene Buchstaben können dieselbe Zahl bedeuten!)

6 Bilde das Produkt aus der Summe und aus der Differenz der Zahlen 8 und 4 und subtrahiere den Quotienten aus den gegebenen Zahlen!

7 Es seien a und b beliebige natürliche Zahlen mit $a > b$.
a) Man berechne alle Zahlen x, für die die Summe aus x und dem Produkt von a und b das Quadrat der Zahl a ergibt.
b) Man berechne alle Zahlen y, für die die Differenz aus dem Produkt von a und b und der Zahl y das Quadrat der Zahl b ergibt.

9

8 Die Summe zweier natürlicher Zahlen beträgt 968. Ein Summand endet mit einer Null. Streicht man diese Null, so erhält man den anderen Summanden.
Wie lauten diese beiden Zahlen?

9 Das Produkt dreier aufeinanderfolgender natürlicher Zahlen ist 21mal so groß wie die Summe dieser Zahlen.
Um welche Zahlen handelt es sich?

10 Gesucht ist die größte fünfstellige Zahl, für die gilt:
a) Die Zehnerziffer stellt eine halb so große Zahl wie die Tausenderziffer dar;
b) die Einer- und die Hunderterziffer kann man vertauschen, ohne daß sich die fünfstellige Zahl ändert.

11 Ermittle alle zweistelligen natürlichen Zahlen, die folgende Bedingungen erfüllen:
a) Die Differenz aus der Zehnerziffer und der Einerziffer beträgt 4, wobei die Einerziffer von Null verschieden sein soll;
b) vertauscht man die Ziffern einer solchen Zahl, so erhält man eine neue zweistellige Zahl, die kleiner als der dritte Teil der ursprünglichen Zahl ist!

12 Es sind alle natürlichen Zahlen n anzugeben, für die die Zahl

$$z = \frac{n + 17}{n - 3}$$

ebenfalls eine natürliche Zahl ist.

13 Von den hintereinander in einer Zeile aufgeschriebenen natürlichen Zahlen 12345678910111213...9899100 sind 10 Ziffern so wegzustreichen, daß die übrigbleibende Zahl möglichst groß ist.

14 Die Maßzahlen der Seitenlängen eines Dreiecks sind drei aufeinanderfolgende natürliche Zahlen. Der Umfang des Dreiecks beträgt 42 cm.
Wie lang ist jede der drei Seiten des Dreiecks?

15 Versuche, mit Rechenvorteil zu arbeiten!
a) $16 \cdot 19 = x$; b) $26 \cdot 86 = x$; c) $62 \cdot 68 = x$.

Der Rechenvorteil ergibt sich z. B. bei c) dadurch, daß man den (gemeinsamen) Zehner mit den um 1 vermehrten Zehner multipliziert, also $6 \cdot 7 = 42$ (eigentlich $60 \cdot 70 = 4\,200$), und an das Ergebnis das Produkt aus den Einern, also $2 \cdot 8 = 16$, »anhängt« (eigentlich $4\,200 + 16$), $x = 4\,216$.

16 Ein Mathematiklehrbuch umfaßt 196 Seiten. Die Seitenzahlen für die ersten beiden Seiten und für die letzte Seite wurden nicht gedruckt.
a) Wieviel Ziffern wurden zum Numerieren der übrigen Seiten verwendet?
b) Wie oft wurde dabei die Ziffer 0 gedruckt?

17 Axel sagt zu Bernd: »Denk Dir eine natürliche Zahl, die größer als 1, aber kleiner als 10 ist. Multipliziere die gedachte Zahl mit 27 und das erhaltene Produkt mit 37. Nenne mir die letzte Ziffer Deines Ergebnisses!«
Bernd nannte 7 als letzte Ziffer. Daraus konnte Axel sofort angeben, welche Zahl sich Bernd gedacht hatte. Gib eine Begründung dafür!

18 Eine vierstellige Kraftfahrzeugnummer weist folgende Besonderheiten auf:
a) Die erste Ziffer ist gleich der zweiten und die dritte gleich der vierten Ziffer;
b) die vierstellige Zahl ist eine Quadratzahl.
Wie lautet die Kraftfahrzeugnummer?

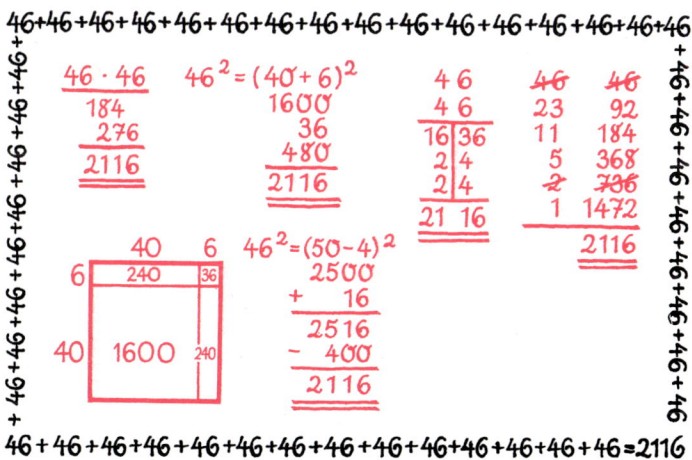

Kopien zweier Münzen aus dem 1. vorchristlichen Jahrhundert.
Oben: Denar des Gaius Marius Capito; auf beiden Seiten der
Münze sind römische Zahlzeichen deutlich erkennbar;
unten: Bronzemünze des Trajanus Decius (249–251 n. Chr.) aus
Samos (links); auf der Münzrückseite ist Pythagoras dargestellt
(rechts).
(Mit freundlicher Genehmigung des Münzkabinetts, Museums-
insel Berlin)

Teilbar **oder** nicht teilbar?

1 Gesucht ist die Menge aller natürlichen Zahlen a, die folgenden Bedingungen genügen:
(1) $100 < a < 1\,201$,
(2) a ist sowohl durch 3 als auch durch 4 als auch durch 5 teilbar,
(3) a ist nicht durch 8, nicht durch 9 und nicht durch 25 teilbar,
(4) a läßt bei der Division durch 11 einen Rest, der durch 2 teilbar ist.

2 Man ersetze jede durch ein Sternchen gekennzeichnete Leerstelle durch eine Ziffer, so daß stets eine wahre Aussage entsteht. (Es ist zu beachten, daß es mehrere Möglichkeiten geben kann.)
a) $3 \mid 8327*$
   (lies: 3 ist Teiler von 8 327*)
b) $3 \nmid 84*72$
   (lies: 3 ist nicht Teiler von 84*72)
c) $9 \mid 23*58$ d) $4 \nmid 587*6$

3 Durch welche Ziffern müssen die durch Sternchen gekennzeichneten Leerstellen in 52*2* ersetzt werden, damit die entstehende fünfstellige Zahl durch 36 teilbar ist? Wie viele Möglichkeiten gibt es?

4 In der Zahl *378* sind anstelle der beiden Sternchen Ziffern zu setzen, so daß die entstehende Zahl durch 72 teilbar ist. Es sind alle Möglichkeiten anzugeben!

5 Zur dreistelligen Zahl 2x3 ist die Zahl 326 zu addieren. Als Summe erhält man die dreistellige Zahl 5y9, die durch 9 teilbar ist.
Es ist die Summe $x + y$ zu ermitteln. Welche der folgenden Lösungen ist richtig?
a) 2   b) 4   c) 6   d) 8   e) 9

6 Es ist die kleinste natürliche Zahl zu finden, die bei der Division durch 2, 3, 4, 5 und 6 jeweils den Rest 1 läßt, aber durch 7 teilbar ist. Nenne weitere Zahlen mit dieser Eigenschaft, und gib an, wie man beliebig viele solcher Zahlen erhalten kann!

7 Das Produkt dreier natürlicher Zahlen beträgt 30, die Summe dieser Zahlen ist durch 4 teilbar.
Welches sind diese drei Zahlen?

8 Von drei von Null verschiedenen natürlichen Zahlen a, b und c sind die größten gemeinsamen Teiler (g. g. T.) je zweier dieser Zahlen bekannt:
$(a, b) = 4$; (lies: der g. g. T. der Zahlen a und b ist 4)
$(a, c) = 6$;
$(b, c) = 10$.
Welche kleinsten, von Null verschiedenen natürlichen Zahlen a, b und c genügen diesen Bedingungen?

9 Das kleinste gemeinschaftliche Vielfache (k. g. V.) zweier Zahlen ist $3^3 \cdot 5^2 \cdot 7 \cdot 11$; der größte gemeinsame Teiler dieser Zahlen ist 45. Eine der beiden Zahlen, deren k. g. V. und g. g. T. gegeben sind, lautet 4 725.
Wie heißt die zweite dieser Zahlen?

10 Die Länge der Seite $\overline{BC} = a$ eines Dreiecks ABC betrage 5 cm, die Länge der Seite $\overline{AC} = b$ dieses Dreiecks betrage 3 cm. Aus diesen beiden Stücken sollen alle diejenigen Dreiecke konstruiert werden, deren Maßzahlen ihrer Umfänge u natürliche, durch 3 teilbare Zahlen sind.
Wie viele einander nicht kongruente Dreiecke dieser Art lassen sich konstruieren? Gib für jedes mögliche Dreieck die Länge der Seite $\overline{AB} = c$ und die Länge des zugehörigen Umfangs u an!

11 Jedes der beiden Vorderräder eines Wagens hat den Umfang von 210 cm; jedes der beiden Hinterräder einen Umfang von 330 cm. Ermittle die kürzeste Strecke (in cm), die der Wagen auf einer ebenen geraden Straße durchfahren muß, damit jedes seiner Räder genau eine ganze Anzahl von Umdrehungen durchgeführt hat!

Eine Aufgabe von Prof. Dr. N. Tschaikowskij:
In der Stadt Lwow (UdSSR) verkehren neue, elegante Straßenbahnen. Jeder Zug besteht aus zwei zusammengekoppelten Wagen, die mit dreiziffrigen Zahlen numeriert sind: Die Nummer des ersten Wagens ist um 100 kleiner als die des zweiten. Einmal habe ich bemerkt, daß bei einem Wagenpaar die erste Nummer durch 6, die zweite durch 7 teilbar ist. Da fiel mir eine Aufgabe ein: Es sind alle Paare dreiziffriger Zahlen zu finden, deren Differenz 100 beträgt und deren eine durch 6, die andere durch 7 teilbar ist. Wer sucht mit?

14

Herr Flunkrich

Herr Flunkrich wird nach der Postleitzahl seines Wohnortes gefragt. Er macht über diese Zahl folgende Aussagen:

(1) Der Nachfolger der Zahl ist nicht durch 3 teilbar.
(2) Die Zahl läßt bei der Division durch 5 einen anderen Rest als bei der Division durch 7.
(3) Die Zahl ist größer als 800.
(4) Der Vorgänger der Zahl ist nicht durch 8 teilbar.
(5) Der Rest bei der Division der Zahl durch 7 ist kleiner als 3.
(6) Der Rest bei der Division der Zahl durch 5 ist größer als 3.

Nun wissen wir, daß alle Aussagen des Herrn Flunkrich falsch sind. Wie lautet die Postleitzahl seines Wohnortes?

Anekdote

*Während der Vorlesung soll ein berühmter Mathematikprofessor einmal auf die schwierige Aufgabe 7 · 9 gestoßen sein. Er bittet die Studenten um Hilfe. Einer ruft: »62«, ein anderer »65«. Darauf der Professor: »Aber, meine Herren, das ist doch unmöglich, 7 · 9 kann doch nur 62 **oder** 65 sein!«*

4·6 miteynåder facit z 4 Nu nỹ 1 gancz
von z 4 ist z 4 vnd $\frac{1}{4}$ von z 4 ist 6 ynd $\frac{1}{6}$
von z 4 ist 4 Darnach addir die zusam
men facit 3 4 secz also $\frac{z\ 4}{3\ 4}$ facit $\frac{1\ z}{1\ 7}$ ma=
cht z z minutñ $\frac{6}{1\ 7}$ vnd ist die zept

Schiff·

❡ Itm es ging eyn
schiff von Alkeyer
gen Lóstantinopł
das hat 3 segel. vnd mit dé grostñ segel
ging es z menet mit dé andern 3. vñ mit
dé kleiustñ 4 nu ist die frag Wé må all 3
segel auff gespåt vñ werdé doch in eyné
wint Inn wie vil menet kom das schiff
gen Lonstantinopł Machs als voz find
eỹ zal in der du hast $\frac{1}{z}$ $\frac{1}{3}$ $\frac{1}{4}$ vñ ist 1 z
Nu $\frac{1}{z}$ võ 1 z ist 6 vñ $\frac{1}{3}$ võ 1 z ist 4 vñ $\frac{1}{4}$
von 1 z ist 3 Nu addir die zal zusam fa=

Johannes Widmann, geboren um 1460, Rechenmeister in
Deutschland, verfaßte u. a. das Rechenbuch: »Behende vnd
hübsche Rechenung auff allen kauffmanschafft. gedruckt In
der furstlichen Stadt Leipzczik durch Couradu Kacheloffen Im
1489 Jare«.
Daraus stammt unser Foto.
(Mit freundlicher Genehmigung der Universitätsbibliothek
Leipzig)

16

Nicht in **die Brüche** geraten!

1 Ermittle diejenige gebrochene Zahl, die gleich $\frac{4}{7}$ ist und deren Differenz aus ihrem Nenner und ihrem Zähler 21 beträgt!

2 Bestimme zwei Zahlen, deren Summe 132 ist, wobei $\frac{1}{5}$ der einen Zahl gleich $\frac{1}{6}$ der anderen ist!

3 Die rationale Zahl $\frac{77}{65}$ ist als Summe zweier positiver rationaler Zahlen mit den Nennern 5 und 13 darzustellen.

4 Wie kann man ohne Ausführung der Rechenoperationen feststellen, ob die Zahl

$$\frac{378 \cdot 436 - 56}{378 + 436 \cdot 377}$$

größer oder kleiner als 1 ist?

5 Von den Teilnehmern einer Schule an der 1. Stufe der Mathematikolympiade wurden genau $\frac{3}{40}$ zur 2. Stufe delegiert. Von diesen Schülern erhielten bei der 2. Stufe genau $\frac{2}{9}$ Preise oder Anerkennungsurkunden. Einen ersten Preis in seiner Klassenstufe erhielt genau ein Schüler, genau ein weiterer Schüler erhielt in seiner Klassenstufe einen zweiten Preis; genau zwei weitere bekamen dritte Preise. Außerdem wurden genau vier anderen Schülern dieser Schule für besonders gute Lösungen einer Aufgabe Anerkennungsurkunden überreicht.
Gib die Zahl aller Teilnehmer dieser Schule an der 1. Stufe der Mathematikolympiade an!

6 Zeige, daß der Bruch

$$\frac{a^2 - a + 1}{a^2 + a - 1}$$

weder durch 2 noch durch 3 gekürzt werden kann!

17

7 Bei einer Subtraktionsaufgabe betrage der Subtrahend $\frac{2}{5}$ des von Null verschiedenen Minuenden (Minuend − Subtrahend = Differenz).
a) Wieviel Prozent des Minuenden beträgt die Differenz?
b) Wieviel Prozent des Minuenden beträgt die Summe aus Minuend und Subtrahend?

8 »Bisher hast Du 6 Mark Taschengeld erhalten. Ab sofort bekommst Du nur noch den 0,8. Teil dieses Taschengeldes!« sagte der Vater. Jörg ärgerte sich zunächst, dann aber schenkte er vor lauter Freude seiner kleinen Schwester Claudia eine Tüte Bonbons. Es ist das Verhalten von Jörg zu begründen!

9 Zur Uraufführung des Puppenspiels »Der gestiefelte Kater« waren viele Zuschauer gekommen. Die Hälfte und einer waren Kinder. Ein Viertel und zwei der Anwesenden waren Mütter, und ein Sechstel und drei waren Väter dieser Kinder.
Wieviel Mütter, Väter und Kinder waren es?

10 Zwei Wanderer legen den Weg von A nach B zurück. Der erste Wanderer braucht für 1 km 15 Minuten, der zweite $12\frac{1}{2}$ Minuten. Wie weit liegen die beiden Orte auseinander, wenn der erste Wanderer $1\frac{1}{4}$ Stunden vor dem zweiten startet und eine halbe Stunde vor ihm ankommt?

Nachgedacht und mitgemacht!

1 $3\frac{1}{2} + 2\frac{2}{3}$; $3\frac{1}{2} - 2\frac{2}{3}$; $3\frac{1}{2} \cdot 2\frac{2}{3}$; $3\frac{1}{2} : 2\frac{2}{3}$

2 $\left(\frac{161}{30} - \frac{13}{15}\right) : \left(\frac{109}{30} + \frac{13}{15}\right)$

3 $\left(\frac{5}{6}\right)^2 \cdot \left(\frac{3}{4}\right)^2$; $\sqrt{5\frac{5}{24}} : 5\sqrt{\frac{5}{24}}$; $\left(\frac{3}{4}\right)^3 : \left(\frac{3}{2}\right)^3$

4 Ordne der Größe nach! $a = \frac{3}{5}$; $b = \frac{301}{501}$; $c = \frac{3001}{5001}$

5 $\dfrac{10^2 + 11^2 + 12^2 + 13^2 + 14^2}{365}$

6 $x = -\left\{-\left[-(-2)\right]^2\right\}^3 \cdot \left\{-\left[-\left(-\dfrac{1}{2}\right)\right]^3\right\}^2$

Läßt sich x als Potenz einer natürlichen Zahl darstellen?

7 $y = \dfrac{6 \cdot 27^{12} + 2 \cdot 81^9}{8\,000\,000^2} \cdot \dfrac{80 \cdot 32^2 \cdot 125^4}{9^{19} - 729^6}$

8 $z = \dfrac{38\,795\,689 \cdot 38\,795\,688 \cdot 38\,795\,687 \cdot 38\,795\,686}{38795688^2 + 38\,795\,686^2}$

$\dfrac{-\,38\,795\,684 \cdot 38\,795\,683 \cdot 38\,795\,682 \cdot 38\,795\,681}{+\,38\,795\,684^2 + 38\,795\,682^2}$

9 $40x^2 y^4 z^2 : 8x^4 y^2 z\,;$ **10** $\left(\dfrac{3a}{cd}\right)^x \cdot \left(\dfrac{4c}{ab}\right)^x \cdot b^x$

$a^3 : 3a;\ ab : \dfrac{a}{c}$

11 $\dfrac{24a - 64b}{70x - 100y} : \dfrac{48b - 18a}{35x - 50y}\,;\quad \dfrac{a^2 - 2ab + b^2}{a^2 + 2ab + b^2} \cdot \dfrac{a + b}{a - b}$

12 $\dfrac{6a + 8b - 2c}{4} - \dfrac{7a + 8b - 5c}{10} + \dfrac{4a - 2b}{20}$

$-\,\dfrac{6a - 2b + 3c}{25} - \dfrac{38a + 9b - 6c}{50}$

13 $(x^7 - x^6 - x^3 + x^2) : \left(1 - \dfrac{1}{x}\right)$

Gedenkmünzen
für berühmte Mathematiker
(Archiv Johannes Lehmann,
Foto: Werner Reinhold, Leipzig)

Überall **Variablen**

Betrachtet man ausländische Mathematikbücher, so findet man in den Texten auch Zeichen für Variablen, die charakteristisch für die Mathematik sind, und erkennt somit auch mathematische Zusammenhänge, selbst wenn man kein Wort dieser fremden Sprache versteht. Um so erstaunlicher ist es, daß erst seit dem 17. Jahrhundert in der Mathematik in größerem Umfange spezielle Symbole verwendet werden. Vor der Herausbildung einer mathematischen Formelsprache mußten die entsprechenden Rechenoperationen mit Hilfe von Worten der Umgangssprache ausgedrückt werden. Der bedeutendste Algebraiker des 16. Jahrhunderts, der Franzose François Viète (lat. Vieta, 1540 bis 1603), der als Jurist in hohen Staatsämtern tätig war, stand einige Zeit beim französischen König in Ungnade. Währenddessen beschäftigte er sich mit Mathematik. Er ließ sich von dem Gedanken leiten, daß eine durchgängige Verwendung von Buchstaben die Übersichtlichkeit der mathematischen Rechnungen wesentlich erhöhen könnte, und verwendete die Schriftzeichen der Vokale »a«, »e«, »i«, … für die Variablen und die Schriftzeichen der Konsonanten »b«, »d«, »g«, … für Konstanten. Zugleich machte er von eckigen, geschweiften und runden Klammern Gebrauch. Wegen der zu großen Zahl von Symbolen fanden aber Vietas Vorschläge nicht die Zustimmung seiner Zeitgenossen. Heute können wir uns die Algebra und ihre entsprechende Symbolik aus unserem Leben nicht mehr wegdenken.

1 Mit welchen natürlichen Zahlen können die Variablen a, b, c, d belegt werden, damit man aus den Gleichungen

$48 : a = b$, $24 : c = a$, $56 - (c \cdot d) = 50$

drei wahre Gleichheitsaussagen erhält, wenn außerdem $a > c$ und $(a + b + c) : d = 6$ gelten soll?

2 Mit welchen natürlichen Zahlen müssen die Variablen a, b, c, d und e belegt werden, damit wir aus den Gleichungen $1 \cdot a = e$, $2 + c = e$, $12 : b = e$, $5 - d = e$ vier wahre Gleichheitsaussagen erhalten, wenn $a > b > c > d$ gelten soll?

3 Es sind alle geordneten Paare $[m, n]$ natürlicher Zahlen zu bestimmen, die die Gleichung

$(m + 1)(2n - 1) = 6$ erfüllen.

4 Unter den rationalen Zahlen a, b, c sei genau eine positiv, genau eine negativ, genau eine gleich Null. Ferner sei $a = b^2(b^2 + c^2)$. Welche der drei Zahlen ist positiv, welche negativ und welche gleich Null?

5 Es seien a und b positive ganze Zahlen. Gesucht sind alle ganzen Zahlen x, für die

$$\frac{a + x}{b - x} = \frac{b}{a} \text{ gilt.}$$

6 Es sind alle geordneten Tripel (a, b, c) positiver ganzer Zahlen a, b, c zu ermitteln, für die

$a + b + c = abc$

gilt. (Unter einem geordneten Tripel positiver ganzer Zahlen versteht man drei in einer bestimmten Reihenfolge angegebene positive ganze Zahlen.)

7 Es ist zu beweisen, daß sich der Term $2a^2 + 2b^2$ als Summe der Quadrate zweier natürlicher Zahlen darstellen läßt, wobei a und b natürliche Zahlen sind.

8 Dieter rechnet sehr schnell. Er multipliziert zwei zweistellige Zahlen, deren Zehner übereinstimmen und deren Einer die Summe 10 ergeben, im Kopf, z. B. $x = 83 \cdot 87$:

$$8 \cdot 9 = 72$$
$$\underline{3 \cdot 7 = 21}$$
$$x = 7221$$

Die Allgemeingültigkeit dieses Rechenvorteils soll mit Hilfe von Variablen nachgewiesen werden.

9 Denke dir eine dreistellige natürliche Zahl, bei der der Hunderter um mindestens 2 größer als der Einer und der Einer größer als Null ist! Vertausche den Hunderter und den Einer miteinander, und subtrahiere die so erhaltene Zahl von der gedachten Zahl! Addiere zu diesem Ergebnis diejenige Zahl, die du erhältst, wenn du in dem Ergebnis wieder den Hunderter mit dem Einer vertauschst! Du erhältst als Summe stets die Zahl 1089. Beweise das mit Hilfe von Variablen!

Nachgedacht und mitgemacht!

Vereinfache!

a) $\dfrac{7s}{15} - \dfrac{2s}{3} - \dfrac{4s}{5}$

b) $\dfrac{4r^2}{27t} : \dfrac{16r^5}{54}$

c) $5\sqrt{k^2} - \sqrt{49k^2}$

d) $\sqrt{\dfrac{a^2}{9}} \cdot \sqrt{\dfrac{a}{3}}$

Kürze!

e) $\dfrac{4a^2 - 1}{2a + 1}$

Berechne!

f) $(3a - 5b)^2$

g) $(5a - 1)^3$

h) $(6a + 5b)\left(\dfrac{1}{2}a - 2b\right)$

i) $3m(m + 0{,}6n - 4n^2)$
   $\quad + (m - 5n)^2$

k) $d : (d - 2) = 4 : 3$

l) $6{,}3 : 4{,}5 = 4{,}2 : x$

Fasse zusammen!

m) $\dfrac{a}{a + b} + \dfrac{b}{a - b}$

$(a \neq -b ; a \neq b)$

Löse auf!

n) $\dfrac{1}{a} + \dfrac{1}{b} = \dfrac{1}{c}$ \quad (nach c)

o) $\dfrac{1}{a} - \dfrac{1}{5a} = b$ \quad (nach a)

$(a \neq 0; b \neq 0; a, b$ reell$)$

p) $s = p + p \cdot k \cdot t$ \quad (nach t)

q) $V = \dfrac{4}{3} \cdot r^3$ \quad $(r > 0)$

(nach r)

r) $A = \dfrac{a + c}{2} \cdot h$ \quad (nach a)

Errechne z!

s)
$$5720 - p = 4500$$
$$p + r = 3900$$
$$r : 20 = z$$
$$\overline{}$$
$$10\,000 - r - p - 5966 = z$$

Ergänze!

a	b	c	$(b + c)$	$a(c - b)$	$a \cdot b$	$b : c$
$+3$	$+4$	-6				
$+10$	$-\dfrac{1}{12}$	$+\dfrac{1}{3}$				
$+x$	$-y$	$+2z$				

t)

23

24 *Georg Cantor (1845–1918), der Begründer der Mengenlehre (Archiv Johannes Lehmann)*

Kleine **Mengen**lehre

In der Umgangssprache ist der Begriff Menge gleichbedeutend mit viel. Er wird hier völlig unterschiedslos gebraucht, ob es sich um konkrete Dinge (eine Menge Bäume) oder irgendwelche Erscheinungen (eine Menge Blitze), um Zählbares (eine Menge Menschen) oder nicht Zählbares (eine Menge Wasser) handelt. In Mathematiklehrbüchern lesen wir dagegen: Mengen werden gebildet, indem man aus einem zugrunde gelegten Bereich von Dingen, dem Grundbereich, nach bestimmten Gesichtspunkten Dinge auswählt und zu einer Gesamtheit zusammenfaßt. Dies ist auch die Erklärung für die außerordentliche Breite der Mengenlehre und ihrer Anwendung in Theorie und Praxis.

Der Begründer der Mengenlehre ist der deutsche Mathematiker Georg Cantor, geb. 1845 in Petersburg als Sohn einer Kaufmannsfamilie, gest. 1918 als Professor für Mathematik in Halle. Seine Forschungsgebiete und -ergebnisse, seine wissenschaftlichen Untersuchungen haben in der Mathematik eine revolutionierende Wirkung ausgelöst. Seine modernen mathematischen Betrachtungs- und Behandlungsweisen bergen u. a. große Möglichkeiten der Rationalisierung unseres Lernprozesses in sich.

1 Teilmenge
U sei die Menge aller ungeraden Zahlen zwischen 10 und 20; *P* sei die Menge aller Primzahlen zwischen 10 und 20. Vergleiche beide Mengen!

2 Nullmenge
Gegeben sei die Menge aller Schaltjahre zwischen 1973 und 1975.
Was kann über diese Menge ausgesagt werden?

3 Gleichheit von Mengen
E sei die Menge aller natürlichen Zahlen, die nicht größer als 30 sind und sich sowohl durch 2 als auch durch 3 ohne Rest teilen lassen;
F sei die Menge aller natürlichen Zahlen, die kleiner als 36 sind und sich ohne Rest durch 6 teilen lassen.
Vergleiche!

25

4 Komplementärmenge

Gegeben sei die Menge $R = \{0, 1, 2, 3, 4, 5, 6, 7\}$ als Grundbereich und die Menge $S = \{2, 3, 5, 7\}$.

Wie heißt die Komplementärmenge?

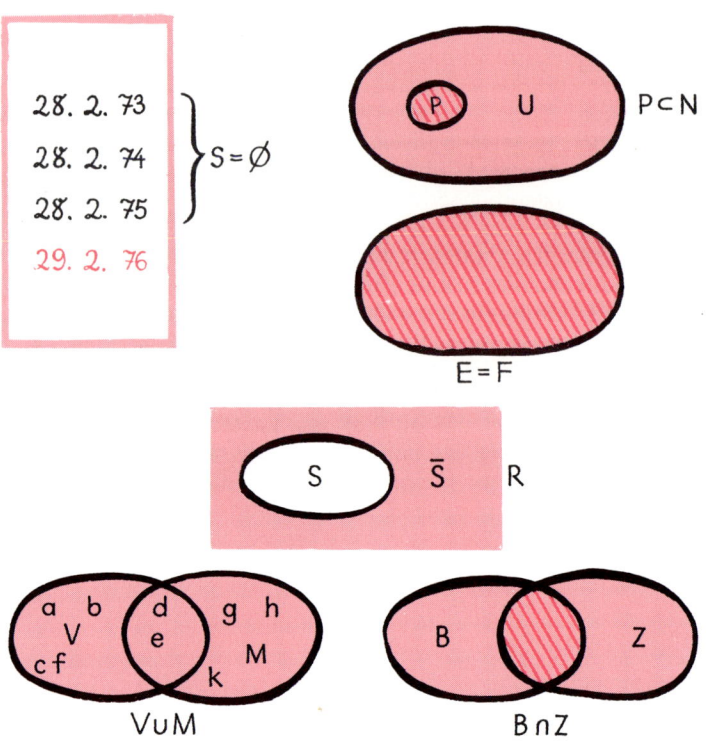

$$\left.\begin{array}{l} 28.\ 2.\ 73 \\ 28.\ 2.\ 74 \\ 28.\ 2.\ 75 \\ 29.\ 2.\ 76 \end{array}\right\} S = \emptyset$$

$P \subset N$

$E = F$

$\bar{S} \quad R$

$V \cup M$

$B \cap Z$

5 Vereinigung von Mengen

Zwei Kulturgruppen einer Schule fahren zum Wettbewerb. Zur Volkstanzgruppe (Menge V) gehören die Schüler a, b, c, d, e, f und zur Musikgruppe (Menge M) die Schüler d, e, g, h, k. Wieviel Fahrkarten müssen für die Schüler besorgt werden?

6 Durchschnitt von Mengen

In einer Klasse besteht ein Mathematikzirkel aus den Schülern $Z = \{e, f, g, h, k, l, m\}$ und eine Volleyballmannschaft aus den Schülern $B = \{c, d, h, i, k, l\}$. Eines Tages gibt ein Junge bekannt: »Alle Schüler, die sowohl zur Volleyballmannschaft als auch zum Mathematikzirkel gehören, melden sich beim Klassenleiter!« Wer ist gemeint?

7 Aus der Praxis

a) Von den 34 Schülern einer Klasse können 14 radfahren, 25 schwimmen und 9 Schüler beides. Wieviel Schüler dieser Klasse können weder radfahren noch schwimmen?

b) Marie-Luise wird von ihren Mitschülern gefragt, wieviel Blumen sie zum Geburtstag erhalten habe. Ihre Antwort kleidet sie in Form einer Aufgabe: »Ich erhielt rote und gelbe Rosen sowie rote Nelken. Zusammen zählte ich 16 rote Blüten, 11 Rosen und 7 rote Rosen.«
Wieviel Blumen erhielt Marie-Luise insgesamt?

c) Hans hat bei einer Wanderung durch den herbstlichen Wald Kastanien, Eicheln und Bucheckern gesammelt. Zu Hause zählt er zunächst 16 Eicheln. Dann zählt er zusammen 26 Kastanien und Eicheln bzw. 33 Bucheckern und Kastanien. Wie viele der genannten Waldfrüchte hat er insgesamt gefunden?

d) Von den 32 Schülern einer Klasse haben sich 16 für die Interessengemeinschaft Basteln, 12 für die Interessengemeinschaft Volkstanz sowie 5 für beide genannten Interessengemeinschaften gemeldet. Wieviel Schüler dieser Klasse beteiligen sich an keiner dieser beiden Interessengemeinschaften?

Vihekauff.

Item/einer hat 100. fl. dafür wil er 100.
haupt Vihes kauffen / nemlich / Ochsen/
Schwein/Kälber/ vnd Geissen/ kost ein Ochs
4. fl. ein Schwein anderthalben fl. ein Kalb
einen halben fl. vnd ein Geiß ein ort von einem
fl. wie viel sol er jeglicher haben für die 100. fl?
Machs nach den vorigen/mach eines jeglichen
kosten zu örtern/deßgleichen die 100. fl. vnd setz
als dann also:

	16	15	
	6	5	
100			400
	2	1	
	1		

Multi.

*Aus: Rechenbuch/auff Linien und Ziphern von Adam Risen,
Frankfurt 1574. (Mit freundlicher Genehmigung der Universitätsbibliothek Leipzig)*

Gleichungen in Theorie und Praxis

1 Die Summe zweier natürlicher Zahlen beträgt 121, ihre Differenz 45. Wie lauten die Zahlen?

2 Das Produkt zweier natürlicher Zahlen ist dreimal so groß wie die Summe dieser Zahlen und sechsmal so groß wie ihre Differenz. Wie lauten die beiden Zahlen? Hat die Aufgabe nur eine Lösung?

3 Wenn man den Zähler eines Bruches um 5 vermehrt und den Nenner um 3 vermindert, so erhält man 2. Wenn man dagegen den Zähler um 3 vermehrt und den Nenner um 5 vermindert, so erhält man 3. Wie lautet der Bruch?

4 Ermittle alle rationalen Zahlen x mit folgender Eigenschaft: Addiert man 33 zu x und halbiert die entstandene Summe, so erhält man das Doppelte der zu x entgegengesetzten Zahl.

5 Gegeben sei die Gleichung

$$\frac{x}{2} + \frac{x}{3} + 7 = x - \frac{3}{4}.$$

In dieser Gleichung soll der Summand 7 so durch eine andere Zahl ersetzt werden, daß $x = 11$ die Gleichung erfüllt. Wie lautet die Zahl?

6 Die folgenden beiden sprachlichen Formulierungen sind als Gleichungen zu schreiben:
a) Addiert man zu einer Zahl x ihren zehnten Teil, quadriert man danach die erhaltene Summe, so erhält man die Zahl z.
b) Wenn man das Produkt aus a^2, b und c durch die Quadratwurzel aus p dividiert, so erhält man als Ergebnis t.
c) Bestimme den Wert von t, wenn $a = 3$, $b = -4$, $c = 5$ und $p = 16$ ist!

7 In zwei Getreidespeichern lagerten zusammen p Tonnen Korn. Aus dem ersten werden täglich a Tonnen, aus dem zweiten b Tonnen Korn entnommen. Nach t Tagen lagert in beiden Speichern die gleiche Menge Korn.
Wieviel Tonnen Korn waren ursprünglich in jedem Speicher?

Mittelalterliche Schreibstube. Hier wurden vor der Erfindung des Buchdrucks liebevoll umfangreiche Abschriften von Büchern vorgenommen und die Kopien meist kunstvoll illustriert. Auch kostbare alte Mathematikbücher wurden auf diese Weise überliefert.

(Mit freundlicher Genehmigung der Österreichischen Nationalbibliothek Wien)

8 Bei einer Geschwindigkeitskontrolle durchfuhr ein PKW innerhalb einer geschlossenen Ortschaft (keine Schnellstraße) die Meßstrecke von 200 m in einer Zeit t von 10 s.
Verhielt sich der Kraftfahrer entsprechend der Straßenverkehrsordnung?

9 Monika belegte beim Wettkampf im Luftgewehrschießen den dritten Platz. Die Siegerin Bärbel erzielte vier Ringe mehr als Monika und zwei Ringe mehr als Margit, die auf den zweiten Platz kam. Monika erreichte $\frac{4}{5}$ der Anzahl aller möglichen Ringe. Addiert man die von diesen drei Mädchen erreichten Ringzahlen, so erhält man das $2\frac{1}{2}$fache der Anzahl aller möglichen Ringe.
Wie groß ist diese Anzahl? Welche Ringzahlen erhielten die drei Mädchen?

10 Herr Günther fragt Herrn Schulz, welche Zahlen er beim Spiel »6 aus 49« getippt habe. Herr Schulz antwortet: »Die Summe der getippten Zahlen lautet 175. Die zweite Zahl ist um 5 größer als die erste, die fünfte um 2 größer als die vierte. Die dritte Zahl ist eine Primzahl, die größer als 20, aber kleiner als 30 ist. Die sechste Zahl ist dreimal so groß wie die erste. Die Summe aus der ersten und zweiten Zahl ist gleich der vierten Zahl.«
Welche Zahlen hat Herr Schulz getippt?

11 In einem alten Buch mit lustigen mathematischen Knobeleien fand Annerose folgenden Vers:

Eine Zahl hab ich gewählt,
107 dazugezählt,
dann durch 100 dividiert
und mit 4 multipliziert,
und zuletzt ist mir geblieben
als Resultat die Primzahl 7.

Gibt es Zahlen, die den gegebenen Bedingungen genügen? Wenn ja, ermittle sie!

Leonhard Euler (1707–1783), eines der Universalgenies der Mathematikgeschichte
(Mit freundlicher Genehmigung des Deutschen Museums München)

Nachgedacht und mitgemacht!

Alle reellen Zahlen x, y bzw. z sind gesucht!

Ungarn

$$\frac{1}{5}\left\{\frac{1}{5}\left[\frac{1}{5}\left(\frac{1}{5}x - 5\right) - 5\right] - 5\right\} - 5 = 0$$

Polen

$$5x(x + m) - (x - m)(x - 2m) = (4x + m)(x + m)$$

ČSFR

$$\frac{3}{4}(x + 1) - \frac{2}{3}(2x - 1) = 2 - \frac{5}{6}(x + 1)$$

Bulgarien

$$\frac{19 - 5x}{4 - 2x} - \frac{20 - 14x}{6 - 3x} = 5$$

Island

$$1 - \frac{1}{1 - \dfrac{1}{x}} = \frac{1}{x}$$

Deutschland

$$(p + qx)^2 + (px - q)^2 = 2(p^2 x^2 + q^2)$$

UdSSR

$$\sqrt{(2x + 3)\sqrt{(2x + 3)\sqrt{(2x + 3)\sqrt{2x + 3}}}}$$
$$= \sqrt{(6 - x)\sqrt{(6 - x)\sqrt{(6 - x)\sqrt{6 - x}}}}$$

Österreich

$$4^{\sqrt{x + 1}} = 64 \cdot 2^{\sqrt{x + 1}}$$

Rumänien

I $\quad x^2 + xy + y^2 = 13$ II $\quad x + y = 4$

Großbritannien

I $\quad 3x - 6y + z = 15$ II $\quad x + 5y + 3z = -9$

III $\quad 2x - y + 4z = 4$

*Erste Seite des Buches »Elementa in artem geometriae«,
erschienen 1482 in Venedig bei Erhard Ratdolt.
Es stammt von Euklid (um 300 v. Chr.), einem berühmten Mathematiker der klassischen griechischen Periode. Er befaßte sich
bereits mit Größenrelationen.
(Mit freundlicher Genehmigung der Universitätsbibliothek
Leipzig)*

34

Größer, **kleiner** oder gleich?

Schon in den Schriften des Altertums treten Ungleichheitsrelationen auf, vor allem in der Geometrie. So formulierte der griechische Mathematiker Euklides (Euklid) von Alexandria (um 365 bis um 300 v. u. Z.) in seinem bedeutenden Werk »Elemente« auch eine Reihe von Sätzen aus der Geometrie, die Ungleichheitsrelationen ausdrücken, z. B. den Satz: »In jedem Dreieck sind je zwei Seiten zusammen größer als die dritte«. Diese Relationen werden aber stets in Worten formuliert; Ungleichungen im modernen Sinne gab es weder im Altertum noch im Mittelalter.

Ungleichungen erhält man, indem man zwei Terme entsprechend ihrer Größe durch das Kleiner- bzw. Größerzeichen, $<$ oder $>$, verbindet, z. B. $T_1 < T_2$.

Eine Ungleichung, die Variablen enthält, in einem gegebenen Grundbereich zu lösen heißt, alle Zahlen des gegebenen Grundbereichs zu ermitteln, die die Ungleichung nach dem Einsetzen zu einer wahren Aussage machen.

Gegeben sei die Ungleichung $3x + 4 < 15$ mit $x \in G$ (d. h., für x ist der Grundbereich die Menge der ganzen Zahlen). Nenne Zahlen, die nach Einsetzen für x die gegebene Ungleichung zu einer wahren Aussage machen!

Durch Probieren:	Rechenweg:	Probe:
$3 \cdot x + 4 < 15$	$3x + 4 < 15 \mid -4$	$\dfrac{3 \cdot 11}{3} + 4 \leqq 15$
$3 \cdot 1 + 4 < 15$	$3x < 15 - 4$	$\dfrac{33}{3} + \dfrac{12}{3} \leqq 15$
$3 \cdot 2 + 4 < 15$	$3x < 11 \mid :3$	
$3 \cdot 3 + 4 < 15$	$x < \dfrac{11}{3}$	$\dfrac{45}{3} \leqq 15$
$3 \cdot 4 + 4 > 15$		
$3 \cdot (-1) + 4 < 15$	$x < 3\dfrac{2}{3}$	$15 = 15$

$x \in \{3, 2, 1, 0, -1, \ldots\}$ $L = \{3, 2, 1, 0, -1, \ldots\}$

Ungleichungen treten u. a. in der Fehlerrechnung und bei Intervallberechnungen auf, vor allem finden sie in der höheren Mathematik, z. B. bei Abschätzungen, laufend Verwendung.

1 Stelle aus den Ungleichungen $z > x$, $v > x$, $y > v$, $z < v$, $x < y$, $z < y$ eine fortlaufende Ungleichung her!

2 Wieviel Möglichkeiten gibt es, in der Ungleichung $a < b$ die Variablen durch die natürlichen Zahlen von 0 bis 20 so zu ersetzen, daß die Ungleichung dabei stets erfüllt wird?

3 Bestimme die Menge aller natürlichen Zahlen a, für die folgende Bedingungen gleichzeitig erfüllt werden:
(1) $0 < a < 4\,000$;
(2) die Zahlen a sind zugleich durch 4, 5 und 9 teilbar;
(3) 8, 25 und 27 sind nicht Teiler von a;
(4) subtrahiert man von den Zahlen a die Zahl 8, so ist diese Differenz durch 11 teilbar.

4 Welche natürlichen Zahlen a erfüllen die Ungleichung
$$\frac{3}{5} < \frac{a}{41} < \frac{7}{11}?$$

5 Für fünf natürliche Zahlen a, b, c, d, e gelten die folgenden Ungleichungen:

1. $a > e$ 3. $c > e$ 5. $a > b$ 7. $c > a$

2. $b < c$ 4. $d < e$ 6. $b < d$ 8. $e > d$

Ordne diese Zahlen nach ihrer Größe! Welche der Ungleichungen werden zur Lösung der Aufgabe nicht benötigt?

6 Aus dem Mathematiklehrbuch der Klasse 4: Setze in die folgenden Aufgaben das jeweils richtige Relationszeichen (=, <, >) für * ein, so daß wahre Aussagen entstehen:

$35 : 7 + 40 *45$ $49 : 7 + 55 *62$

$(81 - 39) : 7*5$ $(94 - 38) : 7*9$

7 Es sind alle geordneten Paare $[x, y]$ natürlicher Zahlen anzugeben, die die Ungleichung $3x + 4y < 10$ erfüllen.

8 Es sind alle geordneten Paare $[x, y]$ natürlicher Zahlen anzugeben, die das folgende Ungleichungssystem erfüllen:

I $x + y < 4$ II $2x + 5y > 10$.

Nachgedacht und mitgemacht!

(Aufgaben, wie sie auch in Schulbüchern zu finden sind.)

Es sind alle natürlichen Zahlen zu ermitteln, die jeweils folgende Ungleichungen erfüllen!

1 $x < 3$

2 $4 > x$

3 $2 + y < 5$

4 $9 - u > 7$

5 $9n < 35$

6 $7x + 2 < 30$

7 $3(x + 5) < 15$

8 $42 - 5t > 19$

9 $k : 9 < 6$

10 $72 > 45 + t > 66$

11 $9x + 22 - 2x < 100 - 11x - 42$

12 $7(3x - 2) < 3x + 22$

13 $(x + 4)^2 < (x + 1)^2 - x + 78$

14 $5x^2 - 8x - 4 < 0$

15 $\dfrac{2x - 3}{1 + 5x} > 2$

16 $2x^2 - 3x + 4 > x^2 + 2x - 2$

17 I $\quad 11x + 17 > 9x + 3$
II $\quad x - 9 > 2x - 36$

18 I $\quad 4x - 3 > 5x - 5$
II $\quad 2x + 4 < 8x$

19 $\dfrac{8(2x + 1)}{5} < 3x + 2$

Gib folgende Mengen durch Aufzählung ihrer Elemente an:

a) die Lösungsmenge L_1 obiger Ungleichung im Bereich der natürlichen Zahlen;

b) die Lösungsmenge L_2 obiger Ungleichung im Bereich der ganzen Zahlen mit $-4 < x < 1$;

c) die Menge M aller Elemente, die sowohl in L_1 als auch in L_2 vorkommen!

Bernd Göbel aus Halle gab seinem Bronze-Guß als Sockelin-
schrift u. a. mit auf den Weg: »Bedenke vielfältig, was zu tun ist.
T. M.« Die Statuen auf dem Kreuzbalken haben folgende Titel:
Pädagogikerin, sie steht auf einem Pyramidenstumpf; Diagno-
stiker, er fußt auf einer Kugel; Rationalisatikerin auf einem
Würfel stehend; (Kunst-)Theoretiker auf einer Halbkugel thro-
nend; der Stadt-Gestaltiker schließlich prangt kopfstehend auf
einem Pyramidenstumpf. Das Kunstwerk – in Leipzig aufgestellt – trägt den Generaltitel: »Beginn einer Reihe«.

(Foto: Werner Reinhold, Leipzig)

Logisch gedacht!

1 Emil, Johannes, Karl und Rudolf haben auf dem Hof Fußball gespielt und eine Fensterscheibe eingeschlagen. Als der Fall untersucht wurde, sagten sie folgendermaßen aus:
Emil: »Das Fenster hat Karl oder Rudolf eingeschlagen.«
Johannes: »Rudolf hat es getan.«
Karl: »Ich habe das Fenster nicht eingeschlagen.«
Rudolf: »Ich auch nicht.«
Ihr Lehrer, der die Jungen gut kannte, sagte: »Drei von ihnen sprechen immer die Wahrheit.«
Wer hat also das Fenster eingeschlagen?

2 Welche Lehrer unterrichten welche Fächer, wenn bekannt ist:
(1) In einer Klasse werden die Fächer Mathematik, Physik, Chemie, Biologie, Deutsch und Geschichte von den Lehrern Altmann, Brendel und Clausner erteilt.
(2) Jeder Lehrer unterrichtet genau zwei Fächer.
(3) Der Chemielehrer wohnt in demselben Haus wie der Mathematiklehrer.
(4) Herr Altmann ist von den drei Lehrern der jüngste.
(5) Der Mathematiklehrer und Herr Clausner spielen häufig Schach miteinander.
(6) Der Physiklehrer ist älter als der Biologielehrer, aber jünger als Herr Brendel.
(7) Der älteste der drei Lehrer hat einen längeren Heimweg als seine beiden Kollegen.

3 Bei einem Spiel verstecken die drei Mädchen Anna, Brigitte und Claudia in ihren Handtaschen je einen Gegenstand, und zwar einen kleinen Ball, einen Bleistift und eine Schere. Dieter soll feststellen, wer den Ball, wer den Bleistift und wer die Schere hat. Auf seine Frage erhält er folgende Antworten, von denen verabredungsgemäß nur eine wahr, die anderen beiden aber falsch sind:
1. Anna hat den Ball.
2. Brigitte hat den Ball nicht.
3. Claudia hat die Schere nicht.
Wer hat den Ball, wer den Bleistift und wer die Schere?

39

4 Nach dem Abschluß eines Schulsportfestes vergleichen die Schüler Heinz, Werner, Uwe, Jürgen und Karl ihre erzielten Leistungen im Weitsprung; sie stellen dabei folgendes fest:

a) Heinz sprang weiter als Werner, jedoch nicht so weit wie Uwe;
b) zwei dieser Schüler erreichten die gleiche Sprungweite;
c) Jürgen, der nur 3,20 m schaffte, sprang nicht so weit wie Werner;
d) Heinz sprang genau um 20 cm weiter als Jürgen;
e) die Sprungweite von Karl war zwar um 5 cm kürzer als die von Uwe, jedoch um 10 cm größer als die von Werner.

Wie weit sprang jeder Schüler?

5 Nach einem Scheibenschießen verglichen Elke, Regina, Gerd und Joachim ihre Schußleistungen. Es ergab sich folgendes:

(1) Joachim erzielte mehr Ringe als Gerd.
(2) Elke und Regina erreichten gemeinsam dieselbe Ringzahl wie Joachim und Gerd zusammen.
(3) Elke und Joachim erzielten zusammen weniger Ringe als Regina und Gerd.

Ermittle auf Grund dieser Angaben die Reihenfolge der Schützen nach fallender Ringzahl!

6 In einem Abteil eines D-Zuges, der von Leipzig nach Berlin fährt, sitzen vier Herren mit den Familiennamen Krause, Müller, Schulze und Lehmann. Die Wohnorte dieser vier Reisenden sind Leipzig, Berlin, Erfurt und Schwerin. Aus den folgenden Aussagen ist zu ermitteln, in welchem Ort jeder der vier Herren wohnt.

a) Herr Lehmann war schon öfter besuchsweise in Leipzig.
b) Herr Müller ist älter als der Herr aus Leipzig.
c) Herr Lehmann kehrt von einem Besuch der IGA zurück.
d) Herr Krause wird am Endbahnhof von seiner Gattin, die nicht mit verreist war, abgeholt.

7 Axel gibt Bruno eine harte Nuß zu knacken; er sagt: »In meiner Klasse können genau 25 Schüler radfahren und genau 20 Schüler schwimmen. Jeder Schüler meiner Klasse übt mindestens eine dieser beiden Sportarten aus.

Multipliziert man die Zahl der Schüler meiner Klasse mit 8, so erhält man als Produkt eine Zahl, deren Quersumme doppelt so groß wie die Quersumme der Zahl der Schüler ist. Außerdem ist dieses Produkt Vielfaches der Zahl 5.«

Bruno soll aus Axels Angaben folgendes ermitteln:

a) Wieviel Schüler umfaßt Axels Klasse?
b) Wieviel Schüler können nur radfahren, wieviel nur schwimmen?
c) Wieviel Schüler können sowohl radfahren als auch schwimmen?

8 Wenn jeder Teilnehmer eines Schachturniers genau eine Partie mit jedem der übrigen Teilnehmer spielt, so werden insgesamt 231 Partien gespielt. Wieviel Spieler nehmen teil?

9 Monika sucht ihr letztes Geld zusammen. Es sind genau 1,61 DM. Darunter befinden sich Ein-, Fünf-, Zehn- und Fünfzigpfennigstücke, von jeder Sorte mindestens eine Münze. Im ganzen sind es 10 Geldstücke.
Wieviel Geldstücke jeder Sorte besitzt Monika?

10 Die in der Abbildung gezeigten Figuren sind in einer bestimmten Reihenfolge geordnet. Man finde den logischen Zusammenhang. Aus ihm ergibt sich die fehlende Figur.

11

Cours de Mathematique
par M.ʳ Ozanam.

Frontispiz – die dem Titelblatt gegenüberstehende, mit einem
Kupferstich geschmückte Vortitelseite zu dem Buch: »Cours de
Mathematique« von Jaques Ozanam (1640–1717), Schriftsteller
und Privatlehrer in Paris, Mitglied der Akademie der Wissen-
schaften zu Paris.
(Mit freundlicher Genehmigung der Deutschen Akademie
der Naturforscher Leopoldina, Halle/Saale)

Aus **alten** Mathematikbüchern

1 *Mohamed ibn Musa al Khowarizmi (al-Chwarismi, 9. Jh.).* Ich hab 10 in zwei Teile zerlegt, den einen durch den anderen geteilt. Der Quotient war 4.
(aus: ald jabr w'almokabala, um 830)

2 *Atscharja Bhaskara (1114 bis 1185).* Der achte Teil einer Herde Affen, ins Quadrat erhoben, hüpfte in einem Haine umher und erfreute sich an dem Spiele, die 12 übrigen sah man auf einem Hügel miteinander schwatzen.
Wie stark war die Herde?

3 *Leonardo Pisano (Leonardo von Pisa, 1180 bis 1228).* Zwen Thurm stehn uff einer ebene 60 eln von einander. Der ein ist 50 eln hoch. Der andern 40. Zwischen den zweyen Thurmen steht ein brunne, gleych veyt von den Spitzen der Thurmes. Ist die frag, wie fern steht der brunne unden von yedem Thurm?
(aus: Liber Abaki, um 1200)

4 *Johann Widmann (15. Jh.).* Item 1 Leb vnd 1 Hunt vnd 1 Wolff. Die essen mit eynander 1 Schoff. Vnd der Leb eß das Schoff alleyn in eyner stund. Vnd der Wolff in 3 stunden. Vnd der Hunt in 6 stunden. Nu ist die frag, wen sy das Schoff all 3 mit eynander essen in wie langer Zeit sy das essen.
(aus: Behende und hübsche Rechenung, 1489)

5 *Adam Ries (1492 bis 1559).* Item Eynn sohn fraget seinen Vatter wie alt er sey. Antwurdt ihm der Vatter entsprechende: Wan du werest noch so alt, aber so alt, halb so alt und 1 Jahr elter, so werestu 134 Jahr alt. (Wenn du wärest auch so alt wie ich und halb so alt und ein Viertel so alt und ein Jahr dazu, wärest du 134 Jahre alt.)

6 *Christoph Rudolff (16. Jh.).* Ich habe drei Zahlen, die sich wie 1 : 2 : 4 verhalten. Die Summe ihrer Quadrate ist 189. Wie heißen die Zahlen? Hat diese Aufgabe nur eine Lösung?
(aus: Coß, 1525)

7 *Michael Stifel (etwa 1486 bis 1567).* Die Differenz zweier ganzer Zahlen beträgt 79. Bildet man die Summe ihrer Qua-

Die Abbildung stellt eine im Jahre 1697 entworfene Silberme-
daille dar; darauf ist das von Gottfried Wilhelm Leibniz erfun-
dene Binärsystem (Dualsystem) abgebildet. Er benutzt aus-
schließlich die beiden Ziffern 0 und 1.
In der linken Spalte der beiden Tafelhälften sind Zahlen in
binärer, in der rechten Spalte in dezimaler Schreibweise ange-
ordnet. (Mit freundlicher Genehmigung des Deutschen
Museums München)

drate und addiert man hierzu noch die Quadratwurzel der zuvor erhaltenen Summe, so erhält man 10 302.
Wie heißen die beiden Zahlen?

8 *Daniel Schwenter* (17. Jh.). Als Pythagoras nach der Zahl seiner Schüler gefragt wurde, antwortete er: Der halbe theil meiner Schüler studieren die Mathesin der vierdt theil die Physicum der sibende theil lernt stillschweigen vnd über diß habe ich noch 3 gar kleiner Knaben. Ist die Frag wie viel der Personen gewest. (aus: Erquickungsstunden, 1636)

9 *Leonti Filippowitsch Magnizki* (1669 bis 1783). Ein Vater fragt den Lehrer seines Sohnes, wieviel Kinder er unterrichte. Der Lehrer antwortete: »Hätte ich noch einmal soviel Schüler, wie ich jetzt habe, und dann noch die Hälfte und dazu ein Viertel und dann noch deinen Sohn, so wären es genau 100.«

10 *Leonhard Euler* (1707 bis 1783). Die Zahl 25 ist so in zwei Summanden zu zerlegen, daß der größere Summand 49mal so groß wie der kleinere Summand ist.

11 *Jakob Steiner* (1796 bis 1863). Gegeben seien zwei parallele Geraden g und h und auf h zwei voneinander verschiedene Punkte A und B.
Jakob Steiner fand heraus, daß die Strecke $\overline{AB}$ allein mit Hilfe eines Lineals halbiert werden kann.
Gib die Konstruktion an!

12 *Evariste Galois* (1811 bis 1832). Der 16jährige E. Galois löste drei ihm in der Schule gestellte Aufgaben in 15 Minuten. Die Aufgaben wurden dem Schüler als Pensum für die ganze Woche gegeben. Die Lehrer rechneten mit einer Arbeitszeit von vielen Stunden. Die erste Aufgabe lautete:
»Finde die zwei Diagonalen x und y eines Vierecks, das in einen Kreis eingezeichnet ist, mittels seiner vier Seiten a, b, c, d!«
(Es sollen also die Längen der Diagonalen eines Sehnenvierecks berechnet werden, wobei die Längen der Seiten dieses Vierecks a, b, c, d gegeben sind.)
Wie ist die Lösung dieser Aufgabe?

13 *Thomas Alva Edison* (1847 bis 1931). Edison hatte viel Sinn für geistreiche Späße. Seine zahlreichen Gäste wunderten sich oft, mit welcher Mühe sie das Gartentor vor seinem Haus aufmachen mußten. Schließlich sagte einer der Freunde zu dem großen Erfinder: »Ein solch technisches Genie wie du könnte doch

45

Denkmal von Gottfried Wilhelm Leibniz (1646–1716) vor einer seiner Wirkungsstätten, der Universität Leipzig.
(Foto: Werner Reinhold, Leipzig)

ein Gartentor bauen, das richtig funktioniert!« Edison erwiderte lächelnd: »Mein Tor ist ganz vernünftig eingerichtet. Ich habe es an die Zisterne angeschlossen. Jeder, der zu mir kommt, pumpt mir 20 Liter Wasser in die Zisterne.« Als Edison statt eines 20-l-Gefäßes ein 25-l-Gefäß verwendete, waren 12 Besucher weniger nötig, um die Zisterne zu füllen. Wie war das Fassungsvermögen der Zisterne?

14 *Joh. Christ. Schäfer* (19. Jh.).
Ein junger Hirte ließ mit Freuden
1008 Schafe weiden,
Bis daß der Sonne letzter Strahl
Entwich aus seinem grünen Thal,
Und grauer Abend war geworden.
Jetzt führte er sie in 12 Horden,
Doch so, daß jegliche 2 mehr
Enthielt, als das nächstvor'ge Heer.
Sag', wieviel in die erst kommen,
und jede andre aufgenommen?
(aus: Wunder der Rechenkunst, 1857)

Anekdote
Carl Friedrich Gauß (1777 bis 1855) zeichnete sich schon als Schüler durch Klugheit und Witz aus. Einmal sagte sein Rechenlehrer: »Gauß, ich stelle zwei Fragen. Beantwortest Du die erste richtig, sei Dir die zweite erlassen. Also: Wieviel Nadeln hat ein Weihnachtsbaum?« – Gauß sagte ohne zu zögern: »67534«. – »Wie bist Du so rasch auf diese Zahl gekommen?« – Gauß antwortete pfiffig: »Herr Lehrer, das ist bereits die zweite Frage.«

DIVO CAES. VIVE
IVLII F. AVGVSTO
TI. CAES. DIVI AVL
F. AVGVS. SACRVM

ECCE CRVX (A) DEXI
FVGITE PARTES
ADVERSÆ
VINCIT LEO
DE TRIBV IVDA

Einst hatten die Römer ägyptische Obelisken in ihrer Hauptstadt als Zeichen des Sieges aufgestellt. 1500 Jahre später begannen Päpste, diese Bauwerke in die monumentale Gestaltung Roms einzubeziehen. Wie das geschah, zeigt die in der sächsischen Landesbibliothek befindliche Erstausgabe des Buches: »Die Art, wie der vatikanische Obelisk transportiert wurde«, Rom 1390, von dem italienischen Architekten und Ingenieur Domenico Fontana (1543–1607).

Es wird – in lateinischer Sprache – geschildert, wie der 25 m hohe, 327 Tonnen schwere Obelisk von einem genau 256,83 m entfernten Platz am 27.9.1586 an seine jetzige Stelle transportiert wurde. – Eine mathematisch-physikalisch-technische Meisterleistung des 16. Jahrhunderts!

(Mit freundlicher Genehmigung der Sächsischen Landesbibliothek Dresden, Abt. Deutsche Fotothek, Repro: S. Hänse, Leipzig)

Australische Briefmarkenserie zur Umstellung auf das Internatio-nale Einheitensystem. Es geht auf die Pariser Meter-Konvention von 1875 zurück.
(Archiv Johannes Lehmann, Foto: Werner Reinhold, Leipzig)

Größen gesucht!

1, 2, 3 Es sind die farbig gekennzeichneten Größen (Strekken bzw. Winkel) zu bestimmen.

1a/1b

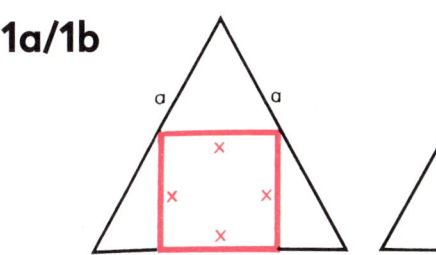

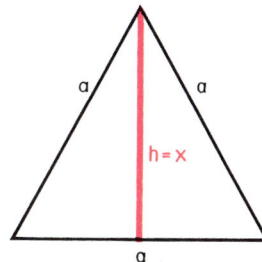

1c/1d

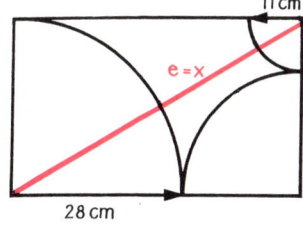

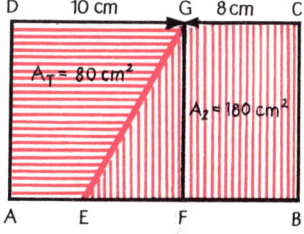

1e

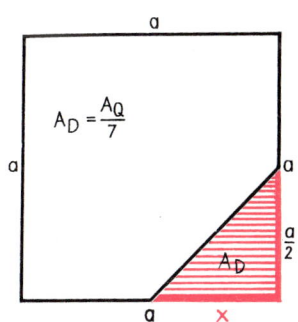

51

2a/2b

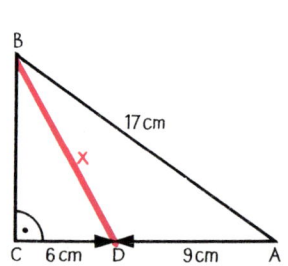
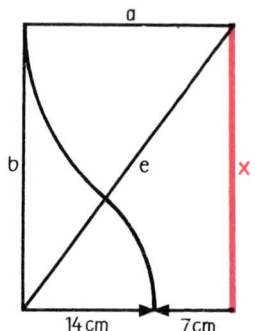

2c/2d

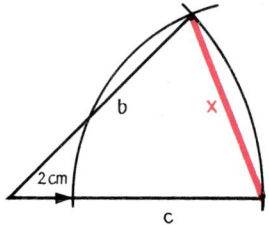
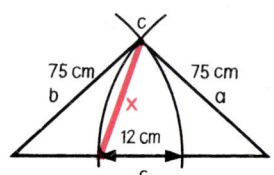

2e/2f

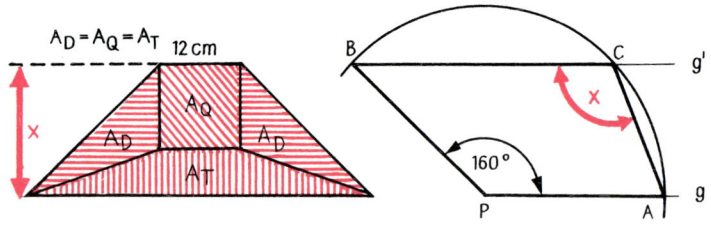

3a/3b

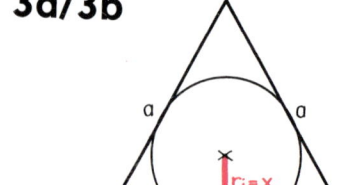
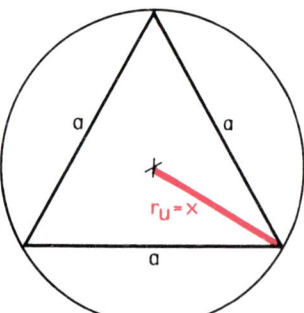

3c/3e

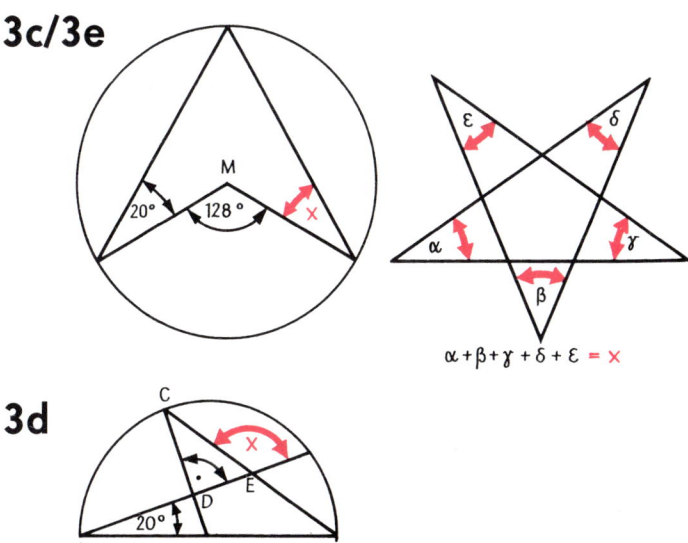

$$\alpha + \beta + \gamma + \delta + \varepsilon = \times$$

3d

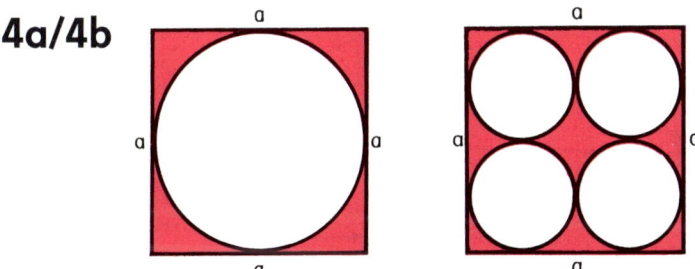

4 Welche der beiden farbig gekennzeichneten Flächen in den gleich großen Quadraten ist die größere?

4a/4b

5 Es sind die Inhalte der farbig gekennzeichneten Flächen unter Benutzung der angegebenen Seitenlängen zu berechnen.

5a

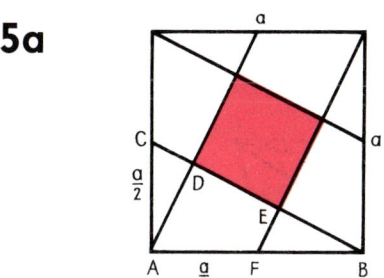

5b/5c

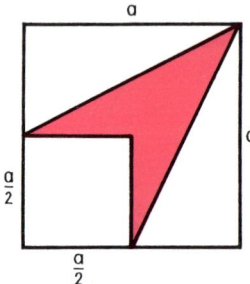

5d

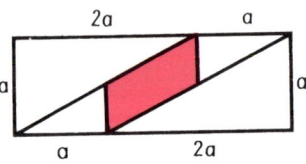

6 Welchen Anteil an der Rechteckfläche *ABCD* haben
a) die Dreieckfläche *SFE,*
b) die Dreieckfläche *ABC,*
c) die Viereckfläche *ASED = BCFS?*

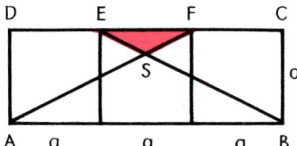

7 Wieviel Prozent der Fläche des Rechtecks sind farbig gekennzeichnet?

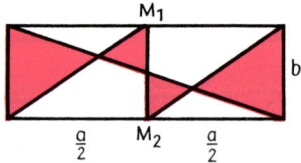

8 Der Flächeninhalt des farbig gekennzeichneten Dreiecks ist durch den Flächeninhalt des Parallelogramms auszudrücken!

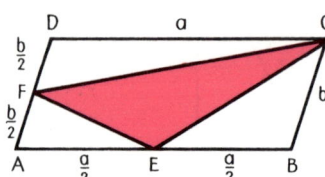

54

9 Wie verhält sich der Flächeninhalt des Quadrates zum Flächeninhalt der Sternfigur?

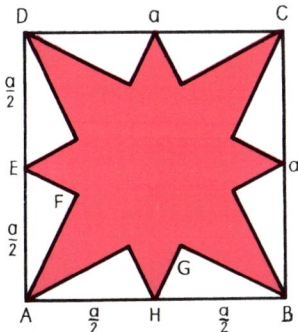

10 Wie verhalten sich die farbig gekennzeichneten Flächen A_1 und A_2 zueinander?

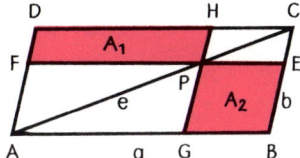

11 Gesucht wird der Inhalt der farbig gekennzeichneten Fläche unter Benutzung der angegebenen Seitenlängen.

11a/11b

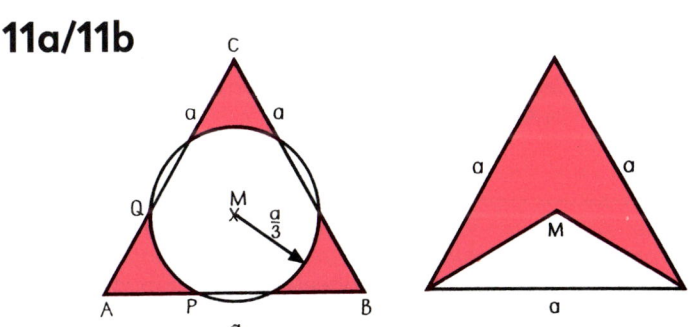

Die Mathematik als Fachgebiet ist so ernst, daß man keine Gelegenheit versäumen sollte, es etwas unterhaltsamer zu gestalten.

Blaise Pascal (1623 bis 1672),
französischer Mathematiker **55**

Ammonite sind nach dem ägyptischen Gott Ammon genannt. Zu Beginn der Jurazeit traten sie auf. Die fossilen Kopffüßer bestanden aus einem meist in 4 bis 12 Windungen aufgerollten Kalkgehäuse, die einen Durchmesser von 1 cm bis 200 cm hatten. Sie waren durch zahlreiche Scheidewände in zu Lebzeiten mit Gas gefüllte Kammern unterteilt. Der für die verschiedenen Ammoniten charakteristische Verlauf der Scheidewände ist an den Versteinerungen noch in Form der sogenannten Lobenlinien erkennbar. Unter Lobenlinie versteht man eine gewundene bis gezackte Verwachsungslinie der Scheidewände der Gehäusekammern mit der äußeren Gehäusewand. Wir bewundern an den Ammoniten ihre herrliche spiralähnliche Form. Unser Bild zeigt eine mit »Ammonit« betitelte Skulptur von Peter Mankolies aus Dresden, ausgestellt in einem Park an der Tauchnitzbrücke in Leipzig. (Foto: Werner Reinhold, Leipzig)

Rund um den Kreis

1 In welchem Verhältnis steht die Quadratfläche zur farbig gekennzeichneten Rosettenfläche?

a = 2r

2 In welchem Verhältnis steht die Fläche des großen Quadrats zu der Fläche der farbig gekennzeichneten Figur?

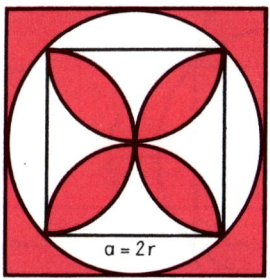

a = 2r

3 Welches Verhältnis besteht zwischen der Quadratfläche und der Fläche der beiden Möndchen?

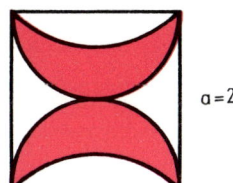

a = 2r

4, 5 Gesucht wird der Flächeninhalt der farbig gekennzeichneten Figuren.

4a/4b

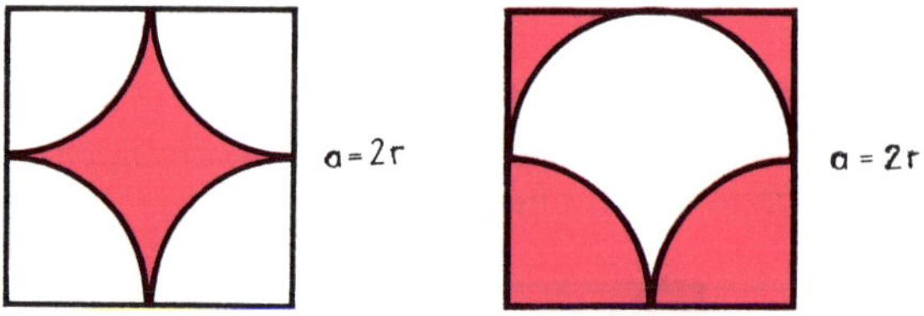

a = 2r

a = 2r

5a/5b

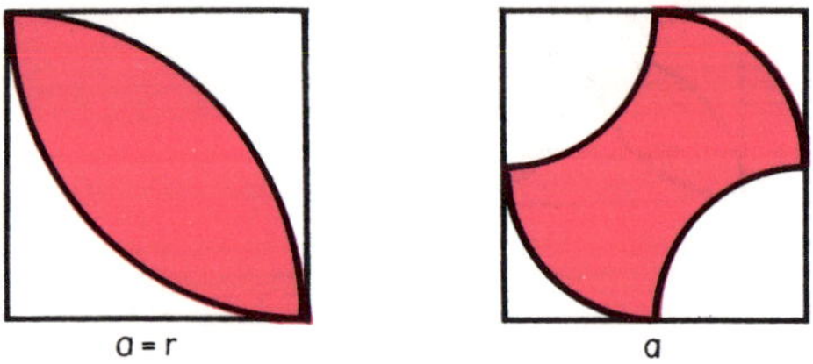

a = r

a

5c/5d

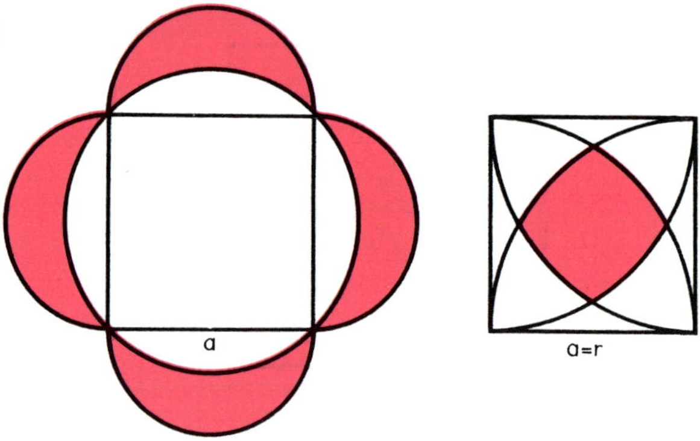

a

a = r

6 Vergleiche die Fläche und den Umfang der Sichelfigur mit der Fläche bzw. dem Umfang der Quadrate mit der Seite a!

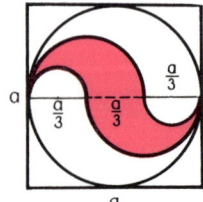

$\frac{a}{3}$

a

$\frac{a}{3}$ $\frac{a}{3}$

a

Mit Zirkel und Zeichendreieck

Versuche folgende Figuren nachzukonstruieren!

Willy Wolff: Hut mit Raute. Federzeichnung in Schwarz und Rot, 1961.
Eine Raute ist ein Rhombus: nämlich ein Parallelogramm mit vier gleichlangen Seiten, mit zwei Diagonalen, die Symmetrie-achsen sind und senkrecht aufeinander stehen. (Mit freundlicher Genehmigung des Museums für Bildende Künste Leipzig)

Nochmals Geometrisches

1 Gegeben sei ein Winkel mit dem Gradmaß $\alpha = 36°$.
Konstruiere unter alleiniger Verwendung von Zirkel und Lineal
einen Winkel, dessen Gradmaß 99° beträgt!

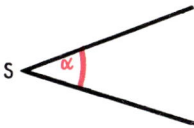

2 Die in der Abbildung angegebenen Winkel α und β seien
bekannt. Berechne die Größe des Winkels γ!

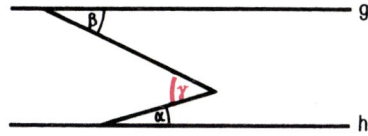

3 Die abgebildete Figur stellt drei fächerförmig angeordnete
einander kongruente Rhomben dar, deren spitze Winkel sämtlich 30° betragen.
Wie groß ist der Winkel α, den die Geraden *BC* und *HG* ein-
schließen?

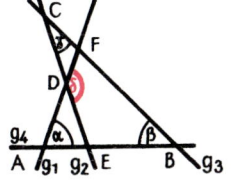

4 In der abgebildeten Figur schneiden sich die vier Geraden
g_1, g_2, g_3 und g_4 in den Punkten *A*, *B*, *C*, *D*, *E* und *F*. Die Größen
der Winkel $\sphericalangle DAE$, $\sphericalangle EBF$ und $\sphericalangle FCD$ seien α, β bzw. γ.
Ermittle die Größe des Winkels $\sphericalangle FDE$!

5 Es ist ein Dreieck zu konstruieren aus den Strecken $a + b$, $b + c$ und $a + c$.

6 Man zerlege ein Parallelogramm $ABCD$ durch Geraden, die von C ausgehen, in acht paarweise flächengleiche Dreiecke.

7 Zeichne ein Quadrat, dessen Flächeninhalt gleich der Differenz der Flächeninhalte zweier Quadrate mit den Seitenlängen a und b ist!

8 Wie kann man ein Rechteck mit den Seitenlängen $a = 16$ cm und $b = 9$ cm so in zwei Teilfiguren zerlegen, daß diese Teilfiguren zu einem Quadrat zusammengelegt werden können?

9 Gegeben sind drei nicht auf einer Geraden liegende Punkte P_1, P_2 und P_3.
Konstruiere eine Gerade, von der alle drei Punkte den gleichen Abstand haben! Wie viele solcher Geraden gibt es? Welche Feststellung läßt sich nach der Ausführung der Konstruktion bezüglich der erhaltenen Schnittpunkte machen?

10 Gegeben sind die drei Punkte B, P_1 und P_2. Man konstruiere zwei gleich große, sich in B berührende Kreise k_1 und k_2 derart, daß k_1 durch P_1 und k_2 durch P_2 geht.

11 Es ist ein gleichseitiges Dreieck zu konstruieren, bei dem die Summe aus der Länge einer Seite und der Länge der Höhe 7,5 cm beträgt.

12 Auf der fotografischen Aufnahme eines Fußballfeldes sind 3 Seiten und die Mittellinie erkennbar.
Wie kann man sich das Bild des gesamten Spielfeldes mit Bleistift und Lineal verschaffen?

13 Die abgebildete Figur stellt die Umrisse eines Zeichenblattes dar, in das drei Geraden g, h und k, die paarweise verschiedene Richtung haben, eingezeichnet sind.

Der Schöpfer, die Welt mit dem Zirkel messend.
(Mit freundlicher Genehmigung der Österreichischen National-
bibliothek Wien)

Die Schnittpunkte A, B und C der Geraden liegen außerhalb des Zeichenblattes.

Es ist der Mittelpunkt der Strecke $\overline{AB}$, deren Endpunkte unzugänglich sind, zu konstruieren; dabei ist die Konstruktion nur auf dem gegebenen Zeichenblatt auszuführen.

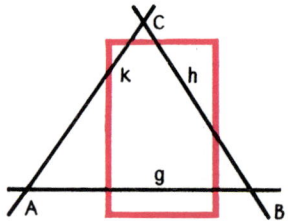

14 Das abgebildete Rechteck ABCD ist in ein flächengleiches Rechteck zu verwandeln, dessen eine Seite gleich der eingezeichneten Strecke $\overline{AE}$ ist. Wie kann man die andere Seite des gesuchten Rechtecks allein mit dem Bleistift und dem Lineal konstruieren?

15 Von einem Schachbrett liegt das zentralperspektive Bild des Spielfeldrandes vor. Die Bilder der 64 Einzelfelder sind unter Verwendung von Bleistift und Lineal einzuzeichnen!

Anekdote

Abraham Gotthelf Kästner (1719 bis 1800), Mathematiker und Epigrammdichter, lernte als Student so spielend leicht, daß er es sich vor seinem Staatsexamen leisten konnte, mit der bildhübschen Tochter seines Professors spazierenzugehen, anstatt die Nase in die Bücher zu stecken. Als ihn der Professor deswegen zur Rede stellte, erwiderte Kästner schlagfertig: »Herr Professor, Sie haben uns Studenten als Vorbereitung für das Examen das Studium Ihrer eigenen Werke empfohlen. Ihre Tochter halte ich für Ihr bestes.«

Von **verschiedenen** Seiten betrachtet

1 *Von oben wie gesehen?* So fragt Prof. C. Ottescu, Bukarest, und ist gewiß, daß der Leser den Grundriß zum gegebenen Aufriß findet. Wie mag wohl das Schrägbild aussehen?

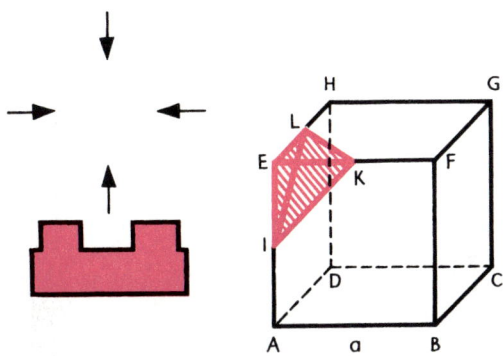

2 *Restkörpernetz gesucht!* Gegeben sei ein Würfel mit den Eckpunkten A, B, C, D, E, F, G, H und der Kantenlänge $a = 4$ cm. Von ihm werde durch einen ebenen Schnitt durch die Punkte I, K, L eine Ecke abgeschnitten, wobei I der Mittelpunkt von $\overline{AE}$, K der Mittelpunkt von $\overline{EF}$ und L ein Mittelpunkt von $\overline{EH}$ ist. Zeichne ein Netz des Restkörpers!

3 *Wir bauen einen Körper!* Die Abbildung stellt einen konvexen, durch ebene Flächen begrenzten Körper im Grund-, Auf-

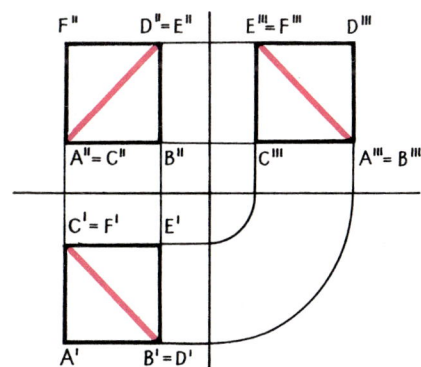

»In der um Jahrtausende zurückliegenden Eiszeit haben die
gewaltigen Gletscher Skandinaviens ihre südlichen Ausläufer bis
in diese Gegend erstreckt und zahlreiche Steine aus Schweden
mit sich geführt und hier abgelagert.
Aus solchen Steinen ist im Jahre 1903 von »Der allgemeinen
deutschen Creditanstalt und der Leipziger Immobiliengesell-
schaft in Leipzig«, in deren Feldern sie zerstreut eingebettet
lagen, dies Denkmal hier am Fundort errichtet worden.
Das Denkmal steht im Schutz edler Menschen.«
Standort: In der Nähe des Leipziger Völkerschlachtdenkmals
befindet sich die Steinpyramide, deren Inschrift wir zitiert haben.
(Foto: Werner Reinhold, Leipzig)

Das Leipziger Völkerschlachtdenkmal, gebaut aus Anlaß der
Hundertjahrfeier der Völkerschlacht (1912/13), Beispiel für Sym-
metrie in der Architektur.
(Foto: Werner Reinhold, Leipzig)

und Kreuzriß dar. (Ein durch ebene Flächen begrenzter Körper K heißt konvex, wenn für jede seiner Begrenzungsflächen S gilt: Ist T die Ebene, in der S liegt, so befindet sich K ganz in einem der beiden Halbräume, in die der Raum durch T zerlegt wird.) Die Umrisse des dargestellten Körpers sind im Grund-, Auf- und Seitenriß Quadrate mit der Seitenlänge a.
Bauen oder beschreiben Sie einen solchen Körper, und berechnen Sie sein Volumen!

4 *Aufgepaßt!* Wir wollen überprüfen, wie es um unser räumliches Vorstellungsvermögen steht: In einem Würfel ist der Verlauf eines Drahtes in räumlich gebrochener Linie eingezeichnet.

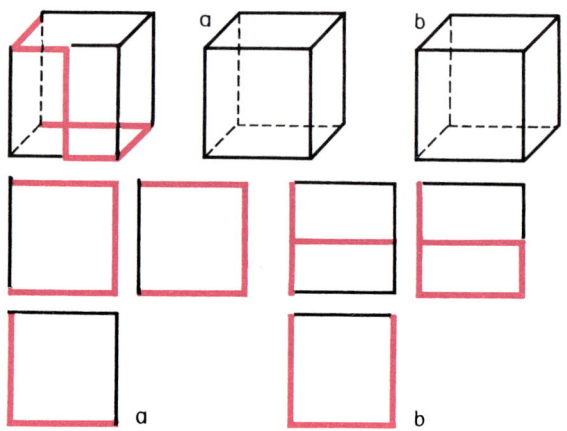

In zwei weiteren Würfeln verlaufen die Drähte anders. In *a* und *b* sind die Würfel im Grund-, Auf- und Kreuzriß dargestellt, wobei jeweils der Verlauf des zugehörigen Drahtes eingezeichnet ist. Zeichne in die beiden Würfel den Verlauf der Drähte in räumlich gebrochener Linie ein!

5 *Nicht im Netz verfitzen!* Trage in die Würfelnetze (Abwicklungen) je drei verschiedene Möglichkeiten ein, wie die farbig eingezeichneten Linien in den Abwicklungen erscheinen können (s. S. 69)!

6 *Überall Werkstücke!* Bei den Darstellungen handelt es sich um die Grund- und Aufrisse von ebenflächig begrenzten Werkstücken (Profilen). Oberhalb der Rißebene, die mit »x_{12}« bezeichnet ist, liegen die Aufrisse. Jedem dieser Aufrisse ist ein unvoll-

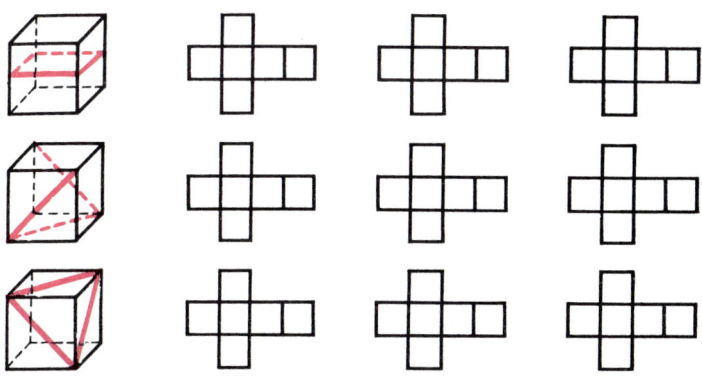

ständiger Grundriß des Werkstückes zugeordnet. Vervollständige analog den ersten Beispielen für die anderen Werkstücke den Grundriß!

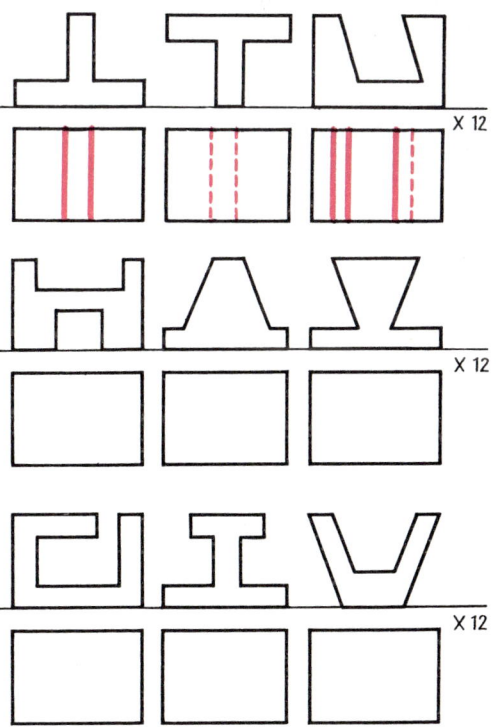

69

Adrian Brouwer: Bauern beim Brettspiel. Öl a. H., 29 × 38, 1556,
Ausschnitt.
(Mit freundlicher Genehmigung des Museums für Bildende
Künste Leipzig)

Würfeleien

1 Die Kante eines Würfel habe die Länge $a_1 = 2\,\text{cm}$, die eines anderen Würfels die Länge $a_2 = 6\,\text{cm}$.
Berechne das jeweilige Verhältnis der Kantenlängen der Oberflächen und der Rauminhalte dieser beiden Würfel!

2 Die Raumdiagonale eines Würfels mißt $5\,\text{cm}$.
Wie groß ist die Oberfläche dieses Würfels?
Berechne aus der Raumdiagonalen eines Würfels mit der Kantenlänge a sein Volumen V!

3 Das Volumen V eines Würfels ist durch seine Oberfläche A_O des Würfels auszudrücken.

4 Aus einem Würfel mit beliebiger Kantenlänge soll die größtmögliche Kugel gewonnen werden.
Wie groß ist die Ausnutzung N des Materials, wenn darunter das Verhältnis von Nutzvolumen zu Bedarfsvolumen verstanden wird?

5 Einer Kugel mit dem Radius $r = 1$ ist ein Würfel einzubeschreiben. Wie lang wird dessen Kante a?
Dem Würfel ist wiederum eine Kugel einzubeschreiben. Wie groß wird deren Radius r_i!

6 Vier Würfel aus Aluminium ($\varrho = 2{,}70\,\text{g}\cdot\text{cm}^{-3}$), Eisen ($\varrho = 7{,}8\,\text{g}\cdot\text{cm}^{-3}$), Silber ($\varrho = 10{,}5\,\text{g}\cdot\text{cm}^{-3}$) und Gold ($\varrho = 19{,}3\,\text{g}\cdot\text{cm}^{-3}$) sollen (bei verschiedenen Rauminhalten) die gleiche Masse $m = 1\,\text{kg}$ haben.
Wie lang müssen die Kanten der vier Würfel sein?

7 Ein Klempner fertigt einen würfelförmigen, oben offenen Blechbehälter an, der $50\,\text{l}$ Wasser faßt.
Wieviel m^2 Blech werden zur Anfertigung gebraucht?
(Von Überlappungen und Verschnitt soll abgesehen werden.)

8 Verbindet man bei einem Würfel die Mittelpunkte der Seitenflächen geradlinig miteinander, so erhält man die Kanten eines dem Würfel einbeschriebenen Oktaeders. Verfährt man in

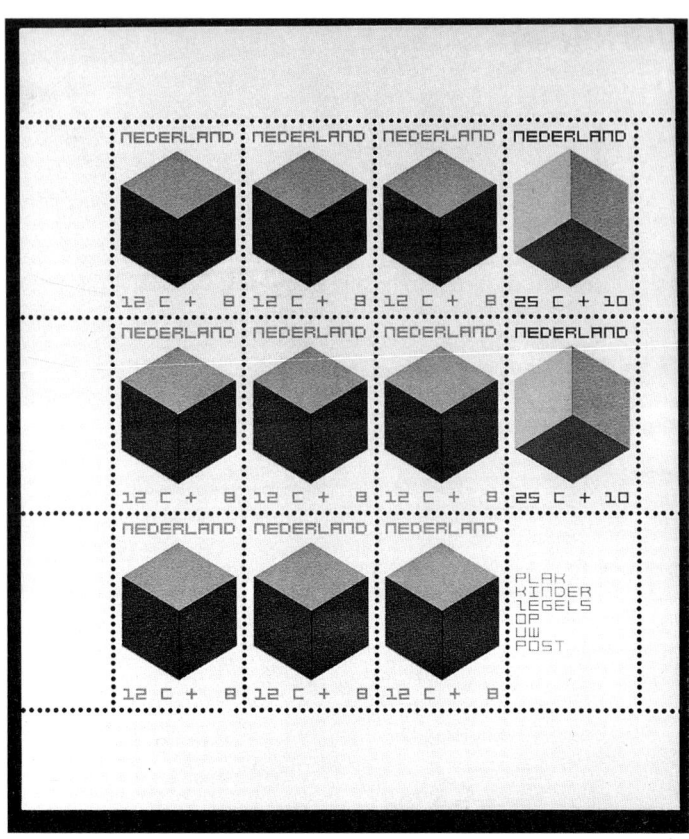

Niederländische Briefmarkenserie: Würfel. Ausgabe vom
10. Nov. 1970; Wohltätigkeitsausg. »Voor het Kind«.
72 (Archiv Johannes Lehmann, Foto: Werner Reinhold, Leipzig)

entsprechender Weise bei dem Oktaeder, so erhält man die Kanten eines dem Oktaeder einbeschriebenen Würfels.
a) Wie verhalten sich die Volumina des Würfels und des ihm einbeschriebenen Oktaeders zueinander?
b) Wie ist das Verhältnis der Volumina des Oktaeders und des ihm einbeschriebenen Würfels?
c) Wie verhalten sich die Oberflächen des Würfels, des ihm einbeschriebenen Oktaeders und des letzterem einbeschriebenen Würfels zueinander?

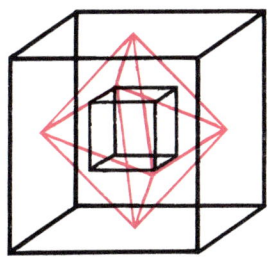

9 Ein Würfel mit der Kantenlänge x wird von einem anderen Würfel mit der Kantenlänge y so durchdrungen, daß ein überall gleich starker Restkörper mit einer Wandstärke von 4 cm und einem Volumen von 5120 cm³ entsteht.
a) Welche Kantenlänge hat der durchstoßene Würfel?
b) Welche Innenfläche hat der Restkörper nach dem Durchstoßen?

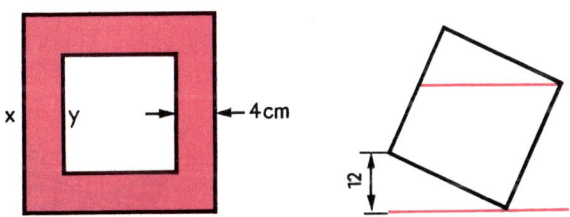

10 Ein eiserner Wasserbehälter ist würfelförmig mit der Kantenlänge 1 m. Durch eine Unterlage längs einer Kante der Grundfläche hat der Behälter eine Schrägstellung, so daß die gegenüberliegende Kante der Grundfläche um 12 cm tiefer liegt.
Berechne die Wassermenge in dm³, die sich im Behälter befindet, wenn dieser bis zum Überlaufen gefüllt ist!

11 Auf welchen Teil wird das Volumen eines Würfels verkleinert, wenn alle Ecken so abgeschnitten wurden, daß alle Schnittkanten $\frac{a}{3}$ betragen?

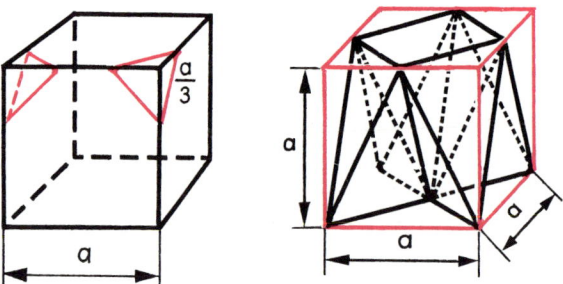

12 Aus einem Würfel mit der Kantenlänge a wird der in Kavaliersperspektive abgebildete Körper herausgeschnitten.
Welchen Rauminhalt hat der aus dem Würfel herausgeschnittene Körper?

Mit Zirkel und Zeichendreieck

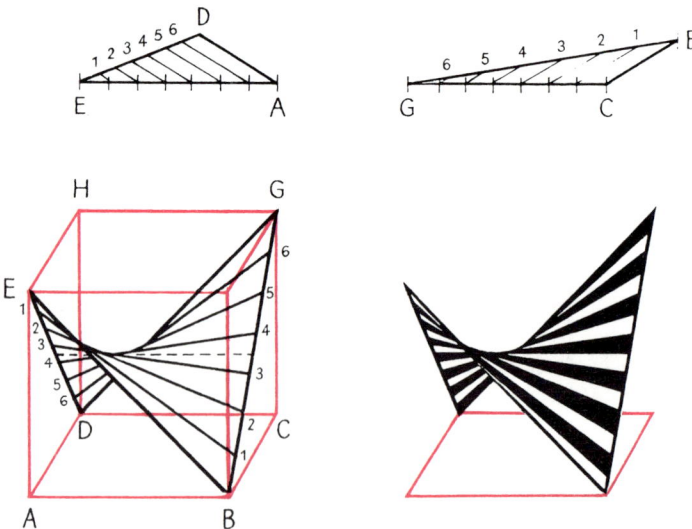

Magische Quadrate

1 Trage die ungeraden Zahlen 1, 3, 5, …, 17 so in die Felder des Quadrats ein, daß die Summe jeder Zeile, Spalte und Diagonale stets 27 beträgt!

2 Ergänze in den leeren Feldern bestimmte Zahlen so, daß die Summe in jeder Zeile, Spalte und Diagonale stets $\frac{3}{2}$ beträgt!

3 In die Kästchen des abgebildeten Quadrats sind neun Zahlen so einzutragen, daß das Produkt der drei Zahlen jeder Zeile und Spalte stets 270 beträgt.
Auf welche Weise und wie oft lassen sich die eingetragenen neun Zahlen umstellen, wenn dabei die geforderte Eigenschaft erhalten bleiben soll?

1

2

3

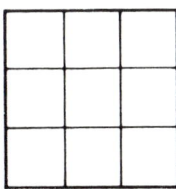

4 Die Glieder der Zahlenfolge −16, −14, …, 0, +2, +4 …, +14 sind so in die 16 Felder einzusetzen, daß in jeder Zeile, jeder Spalte und in jeder der beiden Hauptdiagonalen die Summe stets −4 beträgt. (Jede Zahl darf nur einmal verwendet werden!)

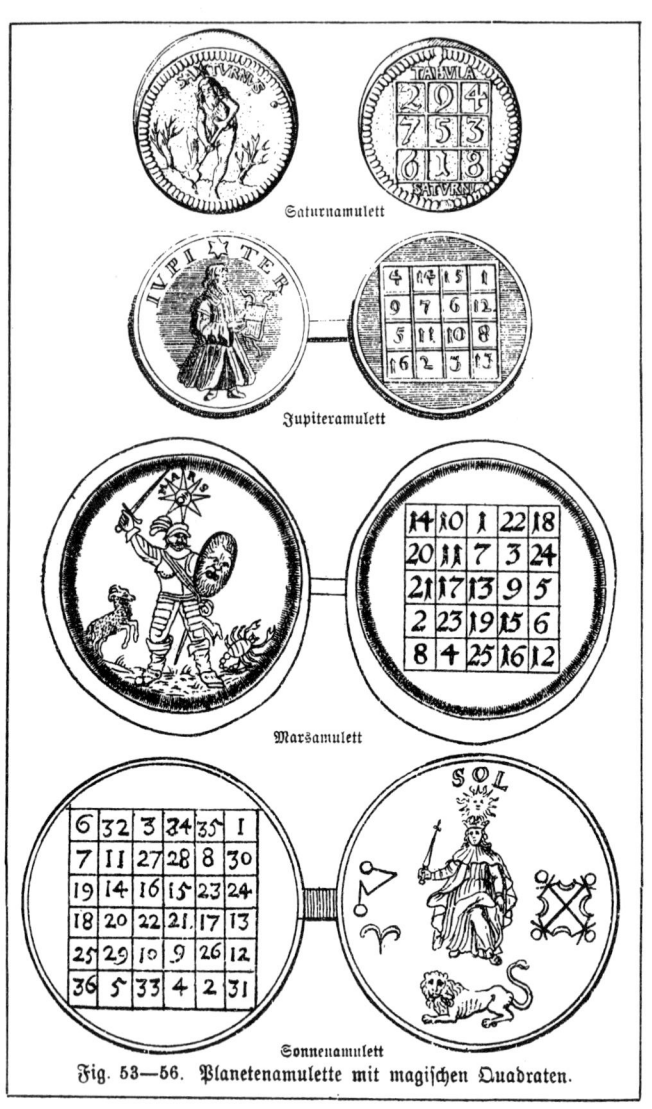

Saturnamulett

Jupiteramulett

Marsamulett

Sonnenamulett

Fig. 53—56. Planetenamulette mit magischen Quadraten.

Unser Bild zeigt Planetenamulette mit magischen Quadraten,
denen man schicksalhafte Wirkungen zuschrieb.
Aus: Ahrens, W.: Mathematische Spiele, Berlin 1916
(Foto: Werner Reinhold, Leipzig)

5 Gib eine Möglichkeit an, die im Quadrat gegebenen Zahlen so umzustellen, daß die Summe der Zahlen jeder Zeile, Spalte und Hauptdiagonale sowie die der vier Eckfelder 18 beträgt!

1	1	2	2
3	3	4	4
5	5	6	6
7	7	8	8

6 Ergänze die fehlenden Zahlen des gezeigten Quadrats! Sie sind waagerecht, senkrecht und diagonal Glieder von Zahlenfolgen.

7 Gemäß den Zahlen am Rande des Quadrats sind entsprechend viele Kästchen in der zugehörigen Zeile bzw. Spalte anzukreuzen. (Es gibt mehrere Möglichkeiten!)

6

2			14	
	8			
	11	16		

7

3 2 1 2 3

					2
					1
					4
×					3
					1

8 Gib eine Möglichkeit an, die Ziffern 1; 2; 3; 4 und 5 so in das quadratische Netz einzutragen, daß in jeder Zeile, Spalte und in den beiden Hauptdiagonalen jede der 5 Ziffern genau einmal vorkommt!

1	2	3	4	5
1	2	3	4	5
1	2	3	4	5
1	2	3	4	5
1	2	3	4	5

9a Setze natürliche Zahlen (0 < n < 10) in die leeren Felder von 9a so ein, daß wahre Aussagen entstehen!

9b Setze entsprechend in 9b ganze Zahlen ein (−5 < n < 8)!

9a

4	·		−		=1
·		·		+	
	·				=1
−		+		−	
	·		−		=2
=6		=7		=2	

9b

8	:		+		=7
−		+		:	
	−	6	·		=5
·		:		·	
	−		+	4	=
		=			

10 Die Zahlen 0 bis 15 sind so in die Kreisfiguren einzutragen, daß die Summe der Zahlen in den vier Doppelkreisen und die Summe der Zahlen in den Kreisen auf jeder der beiden Symmetrieachsen gleich 40 ist.

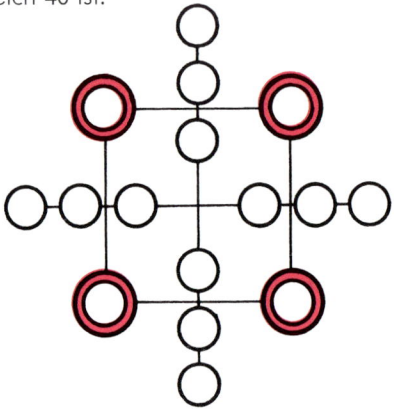

11 Setze 8 Sternchen so in das Quadrat ein, daß in jeder Zeile und Spalte je eins steht!

12 Das vorliegende Muster zeigt das Wort Fortuna. Man gehe von dem in der linken oberen Ecke sichtbaren Buchstaben F aus und versuche zu dem in der rechten unteren Ecke eingetragenen Buchstaben A zu gelangen. Dabei sollen alle kleinen Quadrate der Abbildung durchlaufen werden, aber jedes nur einmal. Unterwegs darf man die Buchstaben nur so berühren, daß sie nacheinander das Wort FORTUNA bzw. seine Wiederholung erheben.

Vortitelblatt eines Zauberbuches von 1745. Es zeigt, daß man sich schon im 18. Jahrhundert mit Logeleien und mathematischen Denk- und Trickspielen beschäftigt hat.
(Mit freundlicher Genehmigung der Bibliothek des Museums für Stadtgeschichte Leipzig, Foto: Werner Reinhold, Leipzig)

Rätsel **und** Spiele

Kryptarithmetik

In den Aufgaben dieses Abschnitts ist jedes Sternchen bzw. jeder Buchstabe bzw. jede geometrische Figur durch eine Ziffer zu ersetzen, so daß richtig gelöste Aufgaben entstehen. Innerhalb einer Aufgabe bedeuten gleiche Buchstaben bzw. geometrische Figuren (außer *) gleiche Zahlen.

1 $**** - *** = 1$

2 $*00** = (***)^2$

3
$$
\begin{array}{r}
4* \\
+ **2 \\
\hline
* *01
\end{array}
$$

4
$$
\begin{array}{r}
52 \cdot ** \\
\hline
** \\
** \\
\hline
7
\end{array}
$$

5 $*5 \cdot * = 3*5$

6 $\sqrt{**9} = **$

7 $(* + 7)^2 = 6*$

8 $*,2* : *,** = 11$

9 $AA \cdot ABA = AAAA$

10 $ABB = (AC)^C$

11 $AB \cdot AB = CAB$

12 $AA + B = BCC$

13
$$
\begin{array}{r}
A \; B \; B \\
+ \; B \; A \; B \\
+ \; B \; B \; A \\
\hline
B \; B \; B \; O
\end{array}
$$

14
$$
\begin{array}{ccc}
A + A & = & B \\
+ & \cdot & - \\
A \cdot A & = & B \\
\hline
B - B & = & O
\end{array}
$$

15 $AB - BA = A$

16 $(A + A) + 3(B + B)$
$= A^A + B^A$

17
$\sqrt{ALPHA} = HHA$
$PPP \cdot PPP = ALPHA$
$\left|(XY)^Y = ALPHA\right|$
$\left|X + Y = A\right|$
$(AX)^3 = ALPHA$

18
$$
\begin{array}{r}
K \; L \; E \; I \; N \\
+ \; V \; I \; E \; T \; A \\
\hline
N \; E \; W \; T \; O \; N
\end{array}
$$

19

```
  W O C H E
+ W O C H E
+ W O C H E
+ W O C H E
─────────────
  M O N A T
```

20

```
  A L P H A
+ M A T H E
─────────────
  H E I T E R
```

21

```
  V I E R
+ E I N S
─────────────
  F U E N F
```

22

```
  V A T E R
+ M U T T E R
─────────────
  E L T E R N
```

23

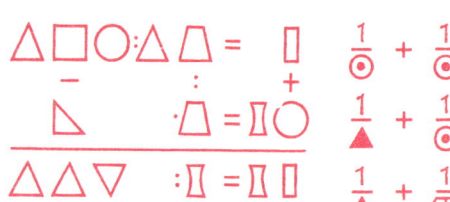

24

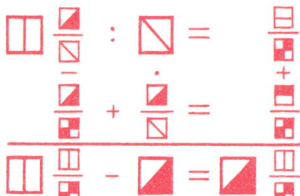

25

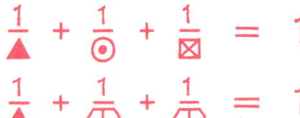

26

$$\frac{1}{\odot} + \frac{1}{\odot} + \frac{1}{\odot} = 1$$

$$\frac{1}{\blacktriangle} + \frac{1}{\odot} + \frac{1}{\boxtimes} = 1$$

$$\frac{1}{\blacktriangle} + \frac{1}{\ominus} + \frac{1}{\ominus} = 1$$

27

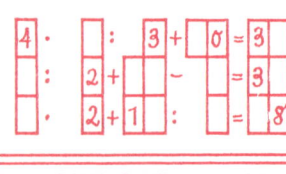

28

29

Andere Rätsel

1

a	b			c	d	e
f			g		h	
		i		j		
	k					
l		m				n
o					p	
q				r		

Kreuzzahlrätsel

Waagerecht

a) Drei Primzahlen, bei denen die Differenz aus der zweiten und der ersten Zahl sowie aus der dritten und der zweiten Zahl gleich 2 ist.

c) Die kleinste von Null verschiedene natürliche Zahl, die durch 2, 3, 4, 5, 6 und 7 teilbar ist.

f) Die Lösung der Gleichung $4(x - 13) + 3(x + 7) = 200$.

h) Die größte natürliche Zahl x, für die $16x < 1000$ gilt.

i) Die kleinste Primzahl, die größer als 100 ist.

k) Eine fünfstellige Zahl, die gleich der neunten Potenz einer natürlichen Zahl ist.

m) Die Maßzahl der Länge der Hypotenuse eines rechtwinkligen Dreiecks, dessen Katheten die Längen 120 und 50 haben.

o) Die Anzahl der Diagonalen eines konvexen Achtecks.

p) Eine zweistellige natürliche Zahl, deren Vorgänger durch 4^2 und deren Nachfolger durch 5^2 teilbar ist.

83

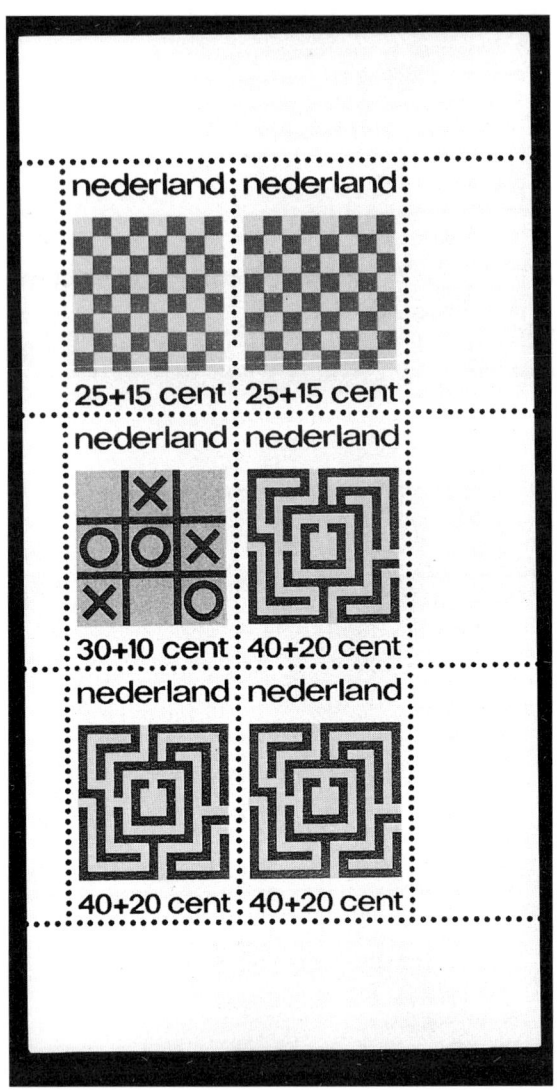

Niederländische Briefmarkenserie zu mathematikintensiven
Spielen: Ausgabe vom 13. Nov. 1973; Wohltätigkeitsausg. »Voor
het Kind« (Schach, Klipp-Klapp-Mühlespiel, Irrgarten, Domino).
(Archiv Johannes Lehmann, Foto: Werner Reinhold, Leipzig)

q) Die Maßzahl des Flächeninhalts eines rechtwinkligen Dreiecks, dessen Hypotenuse die Länge 39 und dessen eine Kathete die Länge 15 hat.

r) Das Produkt zweier natürlicher Zahlen, deren k. g. V. gleich 333 und deren g. g. T. gleich 3 ist.

Senkrecht

a) Die größte natürliche Zahl, deren 1 000. Teil kleiner als $\frac{1}{3}$ ist.

b) Die kleinste Primzahl, deren Doppeltes größer als 100 ist.

d) Zwei natürliche Zahlen, deren Summe gleich 8 ist und bei denen die Differenz aus der zweiten und der ersten Zahl gleich 4 ist.

e) Die ersten drei Ziffern nach dem Komma des in dezimaler Schreibweise dargestellten Bruches $\frac{1}{37}$.

g) Die Lösung der Gleichung $\frac{x}{3} = \frac{x}{4} + 3386$.

i) Eine natürlich Zahl, die Lösung der fortlaufenden Ungleichung $39800 < 209x < 40000$ ist.

j) Die Maßzahl des Umfangs eines regelmäßigen Sechsecks, das einem Kreis mit dem Durchmesser 60 einbeschrieben ist.

l) Die kleinste dreistellige natürliche Zahl, die durch 2, 3 und 37 teilbar ist.

n) Die größte dreistellige natürliche Zahl.

2 *Die Reihenfolge bringt die Lösung* – Um den Text lesen zu können, muß die Reihenfolge der Streifen vertauscht werden. In richtiger Anordnung erhält man einen Ausspruch über die Bedeutung der Mathematik.

i	s	n	e	s	i	e	e	w	n
c	i	h	t	s	t	a	s	f	e
s	n	t	o	v	n	d	r	a	l
e	c	n	e	k	i	t	l	w	l
w	i	e	d	e	s	n	t	n	a
i	a	n	g	n	l	g	h	e	t
s	h	t	e	d	c	s	i	i	r
a	a	t	i	t	m	h	m	e	k
u	e	b	e	n	i	e	z	d	n
1	2	3	4	5	6	7	8	9	10

3 *Welchen Beruf übt Frau Kimmer aus?*

> **HERTA KIMMER**
> **THALE**

4 *Rösselsprung* – Die Lösung ergibt einen wichtigen Satz der Geometrie.

		gleich	nu			
der	te	dukt	hö	dem	te	
eck	te	hy	the	se	ren	
the	po	aus	ist	pro	ge	ka	und
drei	das	ei	nu	zur	ab	recht	den
	ka	gen	qua	im	hy	dem	
	drat	te	ner	sen	wink	schnitt	
		li	po				

5 *Füllrätsel* – Es sind abwechselnd Wörter mit sechs und fünf Buchstaben zu suchen, deren Anfangsbuchstaben einen Begriff aus der Mengenlehre ergeben:
1. Deutsches Wort für Divisor, 2. Schweizer Mathematiker, 3. Begriff aus der Geometrie, 4. Hohlmaß, 5. Anschauungsmittel, 6. geometrisches Grundgebilde, 7. Teil eines Bruches, 8. deutscher Mathematiker, 9. Vieleck.

6 *Das »R« auf der Treppe* – Fülle die leeren Kästchen mit Buchstaben, so daß folgende mathematischen Begriffe entstehen:
1. Halbmesser, 2. Viereck, 3. Körper, 4. Begriff der darstellenden Geometrie, 5. Winkelart, 6. Flächenmaß.

Wir falten

1 Henry Ernest Dudeney stellt folgendes Rätsel: Man unterteile einen rechteckigen Bogen in acht Quadrate und numeriere diese auf einer Seite (siehe Abb.). Es gibt hierbei 40 Möglichkeiten, diese »Karte« entlang den eingezeichneten Linien so zu falten, daß ein quadratisches Paket entsteht, welches an oberster Stelle die »1« zeigt. Das Problem verlangt nun, den Bogen so zu falten, daß die Quadrate in ihrer natürlichen Reihenfolge liegen, wobei die »1« oben sein soll.

1	8	7	4
2	3	6	5

2 Gegeben ist ein Streifen von 2 cm Breite und 14 cm Länge. Falte aus ihm einen Würfel mit einer Kantenlänge von 2 cm!

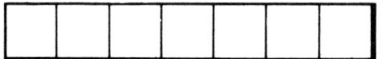

3 Falte aus dem gezeichneten Tetra-Flexagon ein Sechseck!

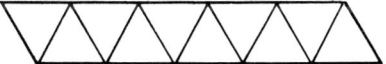

4 Auf der Vorder- und Rückseite eines rechteckigen Stückes Papier seien die in der Abbildung gezeichneten Buchstaben geschrieben. Falte das Stück Papier so, daß die Buchstaben in der Reihenfolge *WOLFGANG* übereinander liegen!

O	N	G	A
W	G	F	L

Wir schneiden

1 Zeichne die Figuren A bis C nach, und zerschneide sie durch einen einzigen geraden Schnitt so, daß daraus Quadrate zusammengestellt werden können, die den gegebenen Figuren flächengleich sind.

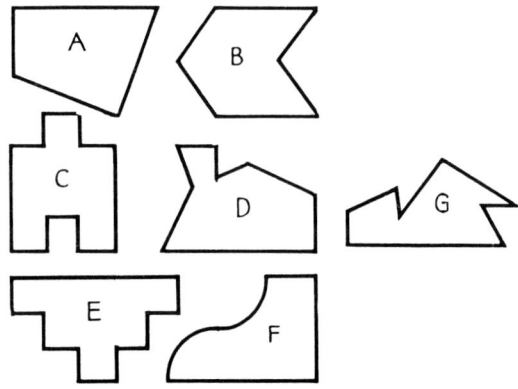

2 Gegeben sei die Figur A. Zerlege die Figuren B, C und D durch gerade Schnitte so, daß jede dieser Figuren mit A zur Deckung gebracht werden kann!

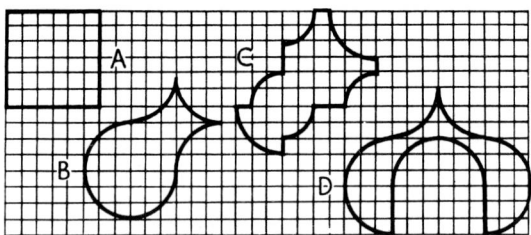

3 Wie viele Möglichkeiten gibt es, das Quadrat in zwei Teile zu zerlegen, die gleicher Größe und Figur sind?

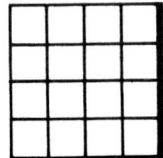

Erst schätzen, dann rechnen

1 Welche der beiden Sehnen in den Halbkreisen der Abbildung ist länger, die Sehne in dem größeren Halbkreis oder die Sehne in dem kleineren Halbkreis? Dabei wird vorausgesetzt, daß die Flächeninhalte der beiden sich berührenden Halbkreise sich wie 3:1 verhalten, daß die beiden Sehnen aufeinander senkrecht stehen und daß die Sehne in dem größeren Halbkreis mit dem Begrenzungsdurchmesser dieses Halbkreises einen Winkel von 60° bildet.
Erst schätzen, dann messen, dann berechnen!

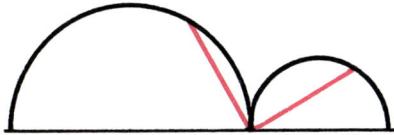

2 Ein regelmäßiges Zwölfeck ist, wie die Abbildung zeigt, in drei Teilfiguren zerlegt worden.
Welche Teilfigur hat den größeren Flächeninhalt, die mittlere oder eine der beiden äußeren?

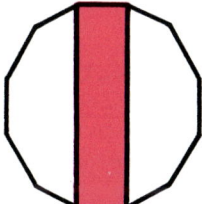 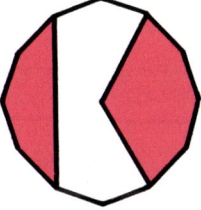

3 Ein regelmäßiges Zwölfeck wurde in drei Teilfiguren zerlegt. Ist der Flächeninhalt der mittleren Teilfigur größer oder kleiner als die Summe der Flächeninhalte der beiden äußeren farbig gekennzeichneten Teilfiguren?

Lösungen

Überall natürliche Zahlen

1
$$x = 107 \cdot \{700 - [48 - 72 : 9] \cdot 5 - 495\} - 135$$
$$= 107 \cdot \{700 - [48 - 8] \cdot 5 - 495\} - 135$$
$$= 107 \cdot \{700 - 200 - 495\} - 135$$
$$= 107 \cdot 5 - 135 = 400$$

2 Es gibt genau elf Möglichkeiten:

$$20 = 1 + 1 + 1 + 1 + 1 + 1 + 1 + 13$$
$$20 = 1 + 1 + 1 + 1 + 1 + 1 + 3 + 11 \ldots$$
$$20 = 1 + 1 + 3 + 3 + 3 + 3 + 3 + \ 3$$

3 Unter anderen gibt es folgende Möglichkeiten:

$$1 = (1 + 3 \cdot 5) : (7 + 9) \qquad 6 = 1 \cdot 3 + 5 + 7 - 9$$
$$2 = 1 - 3 \cdot 5 + 7 + 9 \qquad 7 = 1 + 3 + 5 + 7 - 9$$
$$3 = [(1 + 3) \cdot 5 + 7] : 9 \qquad 8 = (1 + 3 \cdot 5) : (-7 + 9)$$
$$4 = (1 + 3) \cdot 5 - (7 + 9) \qquad 9 = (1 \cdot 3 + 5 - 7) \cdot 9$$
$$5 = 1 + [3 \cdot (5 + 7)] : 9 \qquad 10 = 1 \cdot 3 + 5 - 7 + 9$$

4 Es gibt genau drei zweistellige Zahlen, bei denen die Anzahl der Einer dreimal so groß ist wie die der Zehner, nämlich 13, 26, 39. Von ihnen erfüllt nur 26 die Bedingungen der Aufgabe; denn $31 - 13 = 18$; $62 - 26 = 36$; $93 - 39 = 54$.

5 Für die erste Gleichung gibt es nur 2 Möglichkeiten (erste Tabelle):

a b c	$a + b + c$		d e f	$d + e + f$
1 2 1	4		1 3 2	6
4 1 1	6		2 1 3	6

Mit den drei Zahlen 1, 2, 1 läßt sich die zweite gegebene Gleichung $d + 3e + 5f = 20$ nicht erfüllen. Die Summe $a + b + c$ ist also gleich 6. Wir erhalten zwei Lösungen:

$$a_1 = 4, \ b_1 = 1, \ c_1 = 1, \ d_1 = 1, \ e_1 = 3, \ f_1 = 2 \ ;$$
$$a_2 = 4, \ b_2 = 1, \ c_2 = 1, \ d_2 = 2, \ e_2 = 1, \ f_2 = 3 \ .$$

6 $(8 + 4) \cdot (8 - 4) - 8 : 4 = 12 \cdot 4 - 2 = 48 - 2 = 46$.

7 a) Angenommen, es gibt eine Zahl x mit der geforderten Eigenschaft, dann gilt $ab + x = a^2$, woraus man $x = a^2 - ab$ erhält. Also kann höchstens die Zahl $x = a^2 - ab = a(a - b)$ die Lösung sein.
Tatsächlich ist $a \cdot b + a(a - b) = ab + a^2 - ab = a^2$.
b) Angenommen, es gibt eine Zahl y mit der geforderten Eigenschaft, dann gilt $ab - y = b^2$, woraus man $y = ab - b^2$ erhält. Also kann höchstens die Zahl $y = ab - b^2 = b(a - b)$ die Lösung sein.
Tatsächlich ist $a \cdot b - b(a - b) = ab - ab + b^2 = b^2$.

8 Die letzte Ziffer der kleineren Zahl muß 8 sein. Dann ist 8 aber auch die mittlere Ziffer der größeren Zahl. Aus dem Ansatz $x + y = 968$ und $y = 10x$ erkennt man nun leicht, daß die beiden Summanden 88 und 880 lauten müssen.

9 Die drei aufeinanderfolgenden natürlichen Zahlen seien a, $a + 1$, $a + 2$; dann gilt $a(a + 1)(a + 2)$
$= 21[a + (a + 1) + (a + 2)] = 21(3a + 3) = 63(a + 1)$.
Da $a + 1 \neq 0$ ist, erhalten wir $a(a + 2) = 63$. Weil a und $a + 2$ natürliche Zahlen sind, müssen $a = 7$ und $a + 2 = 9$ sein. Die gesuchten Zahlen lauten 7, 8 und 9.

$7 \cdot 8 \cdot 9 = 504$; $\quad 21(7 + 8 + 9) = 21 \cdot 24 = 504$.

10 Entsprechend der Forderung nach der größten fünfstelligen Zahl ist die Zehntausenderstelle eine 9, da für diese Stelle keine weitere Bedingung gestellt ist. Da die Zahl so groß wie möglich sein soll, muß nach Bedingung a) an der Tausenderstelle 8 und an der Zehnerstelle 4 stehen. Für die Hunderterstelle und die Einerstelle ergibt sich eine 9, damit die größte fünfstellige Zahl entsteht und gleichzeitig die Bedingung b) erfüllt wird. Die gesuchte Zahl ist also 98 949.

11 Es sei a die Ziffer der Zehnerstelle und b die Ziffer der Einerstelle.

a	b	$10a + b$	$10b + a$	$3 \cdot (10b + a)$
5	1	51	15	45
6	2	62	26	78
7	3	73	37	111
8	4	84	48	144
9	5	95	59	177

Nur die Zahl 51 erfüllt die gestellten Bedingungen; für sie gilt $15 < \dfrac{51}{3}$ oder $45 < 51$.

12 $z = \dfrac{n+17}{n-3} = \dfrac{n-3+20}{n-3} = 1 + \dfrac{20}{n-3}$.

Da z eine natürliche Zahl sein soll, muß 20 ein Vielfaches von $n-3$ sein, und $\dfrac{20}{n-3}$ muß gleich oder größer als -1 sein. Nun ist $\dfrac{20}{n-3} = -1$ bei $n = -17$. Diese Zahl entspricht aber, weil sie negativ ist, nicht den Bedingungen der Aufgabe. Es erfüllen nur die in der folgenden Tabelle angegebenen natürlichen Zahlen n die geforderten Bedingungen.

n	4	5	7	8	13	23
z	21	11	6	5	3	2

13 9 11 12 13 14 15 …

14 Die drei aufeinanderfolgenden natürlichen Zahlen, die den Seitenlängen des Dreiecks entsprechen, seien $n-1$, n und $n+1$. Die Summe dieser Zahlen beträgt $3n$. Aus $3n = 42$ folgt $n = 14$. Die Längen der Dreiecksseiten sind demnach 13 cm, 14 cm und 15 cm.

15 a) $16 \cdot 19 = x$

$16 + 9 = 25$; $25 \cdot 10 = 250$; $6 \cdot 9 = 54$; $250 + 54 = 304$

Herleitung:
$(10a + b)(10a + c) = 100a^2 + 10ab + 10ac + bc$
$= 10a(10a + b + c) + bc$
$x = 16 \cdot 19$; $a = 1$; $b = 6$; $c = 9$;
$x = 10 \cdot 1(10 \cdot 1 + 6 + 9) + 6 \cdot 9 = 10 \cdot 25 + 54$
$= 250 + 54 = 304$

b) $26 \cdot 86 = x$

$2 \cdot 8 + 6 = 22$; $22 \cdot 100 = 2\,200$; $6 \cdot 6 = 36$; $2\,200 + 36 = 2\,236$

c) $62 \cdot 68 = x$

$6 \cdot 7 = 42$; $42 \cdot 100 = 4\,200$; $2 \cdot 8 = 16$; $4\,200 + 16 = 4\,216$

16 Beim Numerieren der Seiten des Lehrbuches werden die Zahlen von 3 bis 195 gedruckt. Für die Zahlen 3 bis 9 braucht man 7 Ziffern. Für die Zahlen von 10 bis 99 braucht man $90 \cdot 2$ = 180 Ziffern. Für die Zahlen von 100 bis 195 dagegen $96 \cdot 3$ = 288 Ziffern. Das sind insgesamt 475 Ziffern. Die Ziffer 0 kommt dabei 29mal vor.

17 Es sei n die von Bernd gedachte Zahl; dabei gelte $n = 2$, 3, 4, …, 9. Bernd hat folgende Rechenoperationen auszuführen: $n \cdot 27 \cdot 37 = n \cdot 999 = 1\,000n - n$.

n	2	3	4	…	9
$1\,000n - n$	1998	2997	3996	…	8991
letzte Ziffer	8	7	6	…	1

Aus der Tabelle erkennen wir, daß die Summe aus der gedachten Zahl und der letzten Ziffer des Ergebnisses stets 10 beträgt. Also hat sich Bernd die Zahl 3 gedacht.

18 Die erste Ziffer der vierstelligen Zahl sei a und die dritte b; dann läßt sich die vierstellige Zahl wie folgt darstellen:

$1\,000a + 100a + 10b + b = 1\,100a + 11b = 11(100a + b)$.

Da die Zahl eine Quadratzahl sein soll, muß sie durch 11^2 teilbar sein. Das trifft zu, wenn 11 Teiler von $100a + b$ ist. Wegen $100a + b = 99a + a + b$ ist diese Zahl durch 11 teilbar, wenn $a + b$ durch 11 teilbar ist. Wegen $0 < a < 10$ und $0 \leqq b < 10$ ist dann aber $a + b = 11$, also

$11(100a + b) = 11(99a + a + b) = 11(99a + 11) = 11^2(9a + 1)$,

wobei $9a + 1$ eine Quadratzahl ist. Das trifft aber nur für $a = 7$ zu. Wir erhalten $b = 4$, also die Kraftfahrzeugnummer $7\,744 =_| 88^2$.

Teilbar oder nicht teilbar?

1 Wegen (2) ist a durch 60 teilbar. Es gilt $a = 60b$, b natürliche Zahl, wegen (1) folgt $100 < 60b < 1\,201$. Somit muß b der Bedingung $1 < b < 21$ genügen. Wegen (3) kann b nicht durch 2, 3 und 5 und wegen (4) auch nicht durch 11 teilbar sein. Deshalb kommen für den Faktor b nur die Zahlen 7; 13; 17 und 19 in Frage. Es sind also noch die Zahlen 420; 780; 1 020 und 1 140 zu betrachten, die sämtlich (1), (2) und (3) erfüllen. Von ihnen genügen nur 420; 780 und 1 020 der Bedingung (4). Es gibt keine weiteren natürlichen Zahlen, die (1) bis (4) gleichzeitig erfüllen.

2 Unter Beachtung der Teilbarkeitsregeln für die Zahlen 3, 9 und 4 erhalten wir:

a) $3 \mid 83\,271,3 \mid 83\,274,3 \mid 83\,277$,

b) $3 \nmid 84\,172,3 \nmid 84\,272,3 \nmid 84\,472$ usw.

c) $9 \mid 23\,958,9 \mid 23\,058$,

d) $4 \nmid 58\,706,4 \nmid 58\,726$ usw. ...

3 Eine Zahl ist durch 36 teilbar, wenn sie durch 4 und durch 9 teilbar ist. Aus der Teilbarkeit durch 4 folgt zunächst 52*20, 52*24, 52*28. Die Quersummen der noch unvollständigen Zahlen betragen 9, 13, 17. Also muß die erste Leerstelle mit 0 oder 9, die zweite mit 5, die dritte mit 1 belegt werden. Wir erhalten die Zahlen 52 020, 52 920, 52 524, 52 128.

4 Wenn eine Zahl durch 72 teilbar sein soll, so muß sie durch 8 und 9 teilbar sein. 78* muß also durch 8 teilbar sein. Es ist nur 784 durch 8 teilbar. Folglich muß die letzte Ziffer 4 sein. Um die erste Ziffer zu erhalten, wende man die Teilbarkeitsregel der 9 an. Die Quersumme der bis jetzt bekannten Ziffern ist $3 + 7 + 8 + 4 = 22$. Die Differenz bis 27, die folgende durch 9 teilbare Zahl, beträgt 5. Daher erfüllt nur die Zahl 53 784 die gestellte Bedingung.

5 Nach der Teilbarkeitsregel für 9 kann nur 549 durch 9 teilbar sein, also $y = 4$. Dann ergibt sich für $x = 2$, also $x + y = 6$. Die Lösung c) ist richtig.

6 Die kleinste natürliche Zahl, die durch 2, 3, 4, 5, 6 teilbar ist, ist das k.g.V. dieser Zahlen, also 60. Alle Vielfachen von 60 sind zugleich Vielfache von 2, 3, 4, 5 und 6, also $60n$ mit $n = 1, 2, 3, \ldots$ Die Zahlen der Form $60n + 1$ für $n = 1, 2, 3, \ldots$ lassen also jeweils bei der Division durch 2, 3, 4, 5 und 6 den Rest 1. Die kleinste dieser Zahlen, die durch 7 teilbar ist, ist 301. Addiert man zu 301 Vielfache von 420 (k.g.V. der Zahlen 2, 3, 4, 5, 6 und 7), so erhält man weitere Zahlen, z. B. 721, 1 141, 1 561 usw.

7 Es gibt fünf verschiedene Möglichkeiten, die Zahl 30 als Produkt von drei Faktoren zu schreiben:

1, 1, 30; 1, 2, 15; 1, 3, 10; 1, 5, 6; 2, 3, 5.

Nun gilt $a \cdot b \cdot c = 30$, $a \leq b \leq c$, und 4 ist Teiler von $a + b + c$. Die gesuchten Zahlentripel sind (1, 1, 30) bzw. (1, 5, 6).

8 Aus $(a, b) = 4$ folgt $a = n \cdot 4$ für $n = 1, 2, 3, \ldots$, aus $(a, c) = 6$ folgt $a = k \cdot 6$ für $k = 1, 2, 3, \ldots$ Nun sind $n = 3$ und $k = 2$ die kleinsten Zahlen, die diese Gleichungen erfüllen, also $a = 12$. Entsprechend gilt: Aus $(a, b) = 4$ folgt $b = p \cdot 4$; und aus $(b, c) = 10$ folgt $b = q \cdot 10$. Also ist $b = 20$. Aus $(a, c) = 6$ folgt $c = r \cdot 6$; und aus $(b, c) = 10$ folgt $c = s \cdot 10$. Also ist $c = 30$. Die Zahlen $a = 12$, $b = 20$, und $c = 30$ erfüllen die Bedingungen.

9 Es gilt der Satz: Das Produkt aus dem k.g.V. und dem g.g.T. zweier Zahlen ist gleich dem Produkt dieser beiden Zahlen. Folglich ist $x \cdot 4725 = 3^3 \cdot 5^2 \cdot 7 \cdot 11 \cdot 45$, d.h. $x = 495$. Die zweite Zahl lautet 495.

10 Es gilt der Satz: Die Summe zweier Seiten eines Dreiecks ist größer als die dritte Seite. Aus $a + b = 8$ folgt $c < 8$; der Umfang $a + b + c = 8 + c$ soll durch 3 teilbar sein. Das trifft zu für $c = 7$ und $c = 4$. Für $c = 1$ wäre $b + c < a$, was nicht möglich ist. Es gibt genau zwei Dreiecke, die den gestellten Bedingungen genügen:

a = 5 cm, b = 3 cm, c = 7 cm, u = 15 cm
a = 5 cm, b = 3 cm, c = 4 cm, u = 12 cm

11 Der Wagen muß eine Strecke zurücklegen, deren Länge ein gemeinsames Vielfaches von 210 cm und 330 cm ist. Die kürzeste Strecke, die vom Wagen zurückgelegt werden muß, ist das k.g.V. dieser Zahlen.

$210 = 2 \cdot 3 \cdot 5 \cdot 7$
$330 = 2 \cdot 3 \cdot 5 \cdot 11$
_____
$\text{k.g.V.} = 2 \cdot 3 \cdot 5 \cdot 7 \cdot 11 = 2310$.

Die kürzeste Strecke beträgt 2310 cm.

Eine Aufgabe von Prof. Dr. N. Tschaikowskij:
a) Ist die kleinere Zahl durch 6, die größere durch 7 teilbar, so ist 600 und 700 ein solches Zahlenpaar. Weitere Zahlenpaare findet man, wenn man dazu gemeinsame Vielfache von 6 und 7, d.h. 42, addiert oder subtrahiert, also z.B. 642 und 742; 684 und 784; 558 und 658 usw.
b) Wenn die kleinere Zahl durch 7, die größere durch 6 teilbar sein soll, so findet man, daß 602 und 702 ein solches Zahlenpaar ist. Weitere ergeben sich durch entsprechende Überlegungen wie bei a), z.B. 644 und 744 usw.

Herr Flunkrich
Da alle Aussagen des Herrn Flunkrich falsch sind, ergibt die Zahl wegen (1) bei der Division durch 3 den Rest 2 und wegen (2) bei der Division durch 5 denselben Rest wie bei der Division durch 7.

Dieser Rest ist wegen (5) größer oder gleich 3 und wegen (6) kleiner oder gleich 3, also gleich 3. Wegen (4) läßt die Zahl bei der Division durch 8 den Rest 1. Ferner ist wegen (3) die Zahl nicht größer als 800. Nun gibt es wegen $3 \cdot 5 \cdot 7 \cdot 8 = 840$ und $840 > 800$ höchstens eine natürliche Zahl $a \leqq 800$, die

bei der Division durch 3 den Rest 2,	(7)
bei der Division durch 5 den Rest 3,	(8)
bei der Division durch 7 den Rest 3,	(9)
bei der Division durch 8 den Rest 1 läßt.	(10)

Wegen (10) ist a eine der Zahlen 9, 17, 25, 33, ..., 793 und wegen (9) eine der Zahlen 17; $17 + 8 \cdot 7 = 73$, $17 + 2 \cdot 56$, ..., $17 + 13 \cdot 56$; also wegen (8) eine der Zahlen 73; $73 + 8 \cdot 7 \cdot 5 = 73 + 280 = 353$; $73 + 2 \cdot 280 = 633$; also ist wegen (7) $a = 353$. Die Postleitzahl des Herrn Flunkrich ist 353; er wohnt in Havelberg.

Nicht in die Brüche geraten!

1 Die zu ermittelnde gebrochene Zahl finden wir durch Erweitern des Bruches $\frac{4}{7}$ mit der Zahl n; der erweiterte Bruch ist $\frac{4n}{7n}$. Ferner gilt $7n - 4n = 21$, also $n = 7$. Die gebrochene Zahl ist also $\frac{28}{49}$.

2 Der erste Summand sei n, dann ist der zweite Summand $132 - n$. Es gilt $\frac{1}{5} n = \frac{1}{6} (132 - n)$; $n = 60$. Die Summanden sind demnach die Zahlen 60 und 72.

3 Aus $\frac{x}{5} + \frac{7}{13} = \frac{77}{65}$ folgt $13x + 5y = 77$ bzw. $x = 6 - \frac{5y + 1}{13}$. Der Zähler $5y + 1$ ist durch 13 teilbar für $y = 5, 18, 31, ...$ Nur für $y = 5$ wird x positiv, und zwar gleich 4. Also gilt:

$$\frac{4}{5} + \frac{5}{13} = \frac{77}{65}.$$

4
$$\frac{378 \cdot 436 - 56}{377 \cdot 436 + 378} = \frac{377 \cdot 436 + 436 - 56}{377 \cdot 436 + 378}$$
$$= \frac{377 \cdot 436 + 380}{377 \cdot 436 + 378} > 1$$

5 Die Zahl der Schüler mit Preisen oder Anerkennungsurkunden ist $8 \cong \frac{2}{9}$ der Zahl der Teilnehmer an der 2. Stufe. Daraus folgt: 4 Schüler $\cong \frac{1}{9}$ der Teilnehmer und 36 Schüler $\cong \frac{9}{9}$ (das sind alle Teilnehmer dieser Schule an der 2. Stufe). Laut Aufgabe gilt weiterhin: 36 Schüler $\cong \frac{3}{40}$ der Teilnehmer an der 1. Stufe, also 12 Schüler $\cong \frac{1}{40}$ der Teilnehmer an der 1. Stufe und 480 Schüler $\cong \frac{40}{40}$ (das sind alle Teilnehmer dieser Schule an der 1. Stufe). Genau 480 Schüler dieser Schule beteiligten sich an der 1. Stufe der Mathematikolympiade.

6 $\dfrac{a^2 - a + 1}{a^2 + a - 1} = \dfrac{a(a-1) + 1}{a(a+1) - 1}$

Die Produkte $a(a-1)$ bzw. $a(a+1)$ sind für jede natürliche Zahl a eine gerade Zahl; demzufolge sind sowohl Zähler als auch Nenner ungerade Zahlen und nicht mit 2 zu kürzen.
Um den gegebenen Bruch mit 3 kürzen zu können, müssen Zähler und Nenner durch 3 teilbar sein. Nun sind die Terme $(a-1)$, a und $(a+1)$ für natürliche Zahlen a drei aufeinanderfolgende natürliche Zahlen, und unter diesen ist genau eine durch 3 teilbar. Man untersucht folgende 3 Fälle:

Fall 1: $(a-1)$ ist durch 3 teilbar. Dann ergibt sich im Zähler der Rest 1. Also ist der Zähler nicht durch 3 teilbar.
Fall 2: a ist durch 3 teilbar, dann ergibt sich im Zähler der Rest 1 und im Nenner der Rest 2 (bzw. -1). Also sind Zähler und Nenner nicht durch 3 teilbar.
Fall 3: $(a+1)$ ist durch 3 teilbar. Dann ergibt sich im Nenner wieder der Rest 2 (bzw. -1). Also ist der Nenner nicht durch 3 teilbar.
Aus diesen drei Fällen folgt, daß der gegebene Bruch nicht mit 3 zu kürzen ist.

7 a) Bezeichnet man den Minuenden mit $m (m \neq 0)$, dann ist der Subtrahend $\frac{2}{5} m$. Die Differenz ist $m - \frac{2}{5} m = \frac{3}{5} m$. Wegen $\frac{3}{5} m = \frac{60}{100} m$ beträgt die Differenz 60% des Minuenden.

b) $\frac{7}{5} m = \frac{140}{100} m$. Die Summe beträgt 140% des Minuenden. *97*

8 $x = \dfrac{6}{0{,}8} = \dfrac{6}{\frac{8}{10}} = \dfrac{60}{8} = 7\dfrac{1}{2}$

Jörg erhält nunmehr 7,50 DM Taschengeld.

9 Es waren x Personen anwesend, davon $\dfrac{1}{2}x + 1$ Kinder,
$\dfrac{1}{4}x + 2$ Mütter und $\dfrac{1}{6}x + 3$ Väter.

$\dfrac{1}{2}x + 1 + \dfrac{1}{4}x + 2 + \dfrac{1}{6}x + 3 = x$, also $x = 72$.

Somit waren 37 Kinder, 20 Mütter und 15 Väter zur Uraufführung des Puppenspiels gekommen.

10 Der zurückgelegte Weg sei x km. Aus $15x - 75$ $= 12\dfrac{1}{2}x - 30$ folgt $x = 18$, d.h., die Entfernung zwischen den Orten A und B beträgt 18 km.

Nachgedacht und mitgemacht!

1 $6\dfrac{1}{6}$; $\dfrac{5}{6}$; $9\dfrac{1}{3}$; $1\dfrac{5}{16}$ **2** 1

3 $\dfrac{25}{64}$; 1; $\dfrac{1}{8}$

4 Schreiben wir die Zahlen a, b und c als Dezimalbrüche, so erhalten wir: $a = 0{,}6$; $b = 0{,}600\,798\ldots$; $c = 0{,}600\,079\ldots$
Daher gilt: $a < c < b$.

5 $\begin{aligned} 10^2 + 11^2 + 12^2 &= 365 \\ 13^2 + 14^2 &= 365 \end{aligned}$ also $\dfrac{365 + 365}{365} = 2$

6 $x = 1^n$ mit n natürlich **7** 10

8 Man erkennt leicht, daß der Zähler und der Nenner des gegebenen Terms symmetrisch aufgebaut sind. Daher ist es zweckmäßig, den Mittelwert der im Zähler vorhandenen Zahlen z.B. mit a zu bezeichnen: $a = 38\,795\,685$. Dann erhält man für $z = \dfrac{u}{v}$:

$$\frac{(a+4)(a+3)(a+2)(a+1)-(a-1)(a-2)(a-3)(a-4)}{(a+3)^2+(a+1)^2+(a-1)^2+(a-3)^2}$$

$$u = 20a^3 + 100a = 20a(a^2 + 5)$$

$$v = 4a^2 + 20 = 4(a^2 + 5)$$

$$z = \frac{u}{v} = \frac{20a(a^2 + 5)}{4(a^2 + 5)} = 5a$$

Wegen $a = 38\,795\,685$ erhält man $z = 193\,978\,425$.

9 $\quad 5y^2x^{-2}z; \quad \dfrac{a^2}{3}; \quad bc$ **11** $\quad -\dfrac{2}{3}; \quad \dfrac{a-b}{a+b}$

10 $\left(\dfrac{12}{d}\right)^x$ **12** $\quad b$

13
$$\begin{array}{l} (x^7 - x^6 - x^3 + x^2) : \left(1 - \dfrac{1}{x}\right) = x^7 - x^3 \\ \underline{-(x^7 - x^6)} \\ \qquad\quad -x^3 + x^2 \\ \underline{-(-x^3 + x^2)} \\ \qquad\qquad\qquad 0 \end{array}$$

Überall Variablen

1 Aus $56 - (c \cdot d) = 50$ folgt $c \cdot d = 6$. Für dieses Produkt sind genau vier Fälle möglich, und zwar $1 \cdot 6 = 2 \cdot 3 = 3 \cdot 2 = 6 \cdot 1 = 6$. Dann ist

c: 1, 2, 3, 6; d: 6, 3, 2, 1; a: 24, 12, 8, 4; b: 2, 4, 6, –.

$b = 8$ entfällt, da $a > c$ sein soll. Davon erfüllt nur das Quadrupel $a = 12$, $b = 4$, $c = 2$, $d = 3$ die Bedingungen.

2 Aus $2 + c = e$ und $5 - d = e$ folgt $2 + c = 5 - d$. Dann ist $c + d = 3$ mit $c = 2$, $d = 1$, da $c > d$. Also ist $e = 4$, $b = 3$ und $a = 4$.

3 Wegen $6 = 1 \cdot 6 = 2 \cdot 3 = 3 \cdot 2 = 6 \cdot 1$ könnten die Faktoren

a) $m + 1 = 1$ und $2n - 1 = 6$,
b) $m + 1 = 2$ und $2n - 1 = 3$,
c) $m + 1 = 3$ und $2n - 1 = 2$,
d) $m + 1 = 6$ und $2n - 1 = 1$ sein.

Von den geordneten Paaren $[m; n]$ erfüllen nur [1; 2] und [5; 1] die Bedingung.

4 Auf Grund der Voraussetzung kann genau einer der folgenden Fälle eintreten:

1. $a = 0$. In diesem Falle wäre wegen $0 = b^2(b^2 + c^2)$ auch $b = 0$. Widerspruch.
2. $a < 0$. Dieser Fall ist wegen $b^2(b^2 + c^2) \geqq 0$ nicht möglich.
3. $a > 0$. Dann ist $b \neq 0$, also $b < 0$. Daher ist $c = 0$.

Der 3. Fall erfüllt die Bedingungen der Aufgabe.

5 Aus $\dfrac{a + x}{b - x} = \dfrac{b}{a}$ folgt $a^2 + ax = b^2 - bx$, also $(a + b)x = b^2 - a^2$. Da a und b positiv sind, ist $a + b \neq 0$, und es folgt weiter $x = \dfrac{b^2 - a^2}{a + b} = b - a$, und $b - a$ ist ganzzahlig.

Somit kann höchstens die Zahl $x = b - a$ die genannte Eigenschaft haben.

6 Aus $a + b + c = abc$ wird
$3a + 3b + 3c = abc + abc + abc$ und durch Umformung

$a(bc - 3) + b(ac - 3) + c(ab - 3) = 0$.

Diese Gleichung ist nur dann erfüllt, wenn entweder $ab = ac = bc = 3$ gilt oder mindestens eine der Zahlen $ab - 3$, $ca - 3$, $bc - 3$ negativ ist, da nach Voraussetzung a, b, c positive Zahlen sind.

Aus $ab - 3 < 0$ folgt $a = 1$; $b = 1$ bzw. $a = 1$; $b = 2$. Die erste Lösung führt zum Widerspruch. Für die zweite ergibt sich

$(2c - 3) + 2(c - 3) + c(-1) = 0$; $c = 3$.

Es gibt genau 6 Lösungstripel für $a = 1$, $b = 2$, $c = 3$:
$(1, 2, 3)$, $(1, 3, 2)$, $(2, 1, 3)$, $(2, 3, 1)$, $(3, 1, 2)$, $(3, 2, 1)$.

7 Ohne Beschränkung der Allgemeinheit können wir $a \geqq b$ annehmen. Dann gilt $2a^2 + 2b^2 = a^2 + 2ab + b^2 + a^2 - 2ab + b^2 = (a + b)^2 + (a - b)^2$. Der Term $2a^2 + 2b^2$ läßt sich also als Summe der Quadrate der beiden natürlichen Zahlen $a + b$ und $a - b$ darstellen.

8 Der erste Faktor sei gleich $10a + b$, wobei a und b natürliche Zahlen mit $1 \leqq a$, $b \leqq 9$ sind. Dann ist der zweite Faktor gleich $10a + (10 - b)$, und man erhält

$(10a + b)(10a + 10 - b)$
$= 100a^2 + 100a - 10ab + 10ab + 10b - b^2$
$= 100a(a + 1) + b(10 - b)$.

Für unser Beispiel gilt: $83 \cdot 87 = 100 \cdot 8 \cdot 9 + 3 \cdot 7 = 7221$. Man erhält also das Produkt, indem man den ersten Zehner mit dem um 1 vermehrten zweiten Zehner multipliziert und hinter dieses Ergebnis das Produkt der Einer schreibt. Ist das Produkt der Einer kleiner als 10, so muß noch die Ziffer 0 eingefügt werden.

9 Es sei $100a + 10b + c$ die gedachte Zahl mit $a - c \geqq 2$ und $c > 0$. Subtrahiert man davon $100c + 10b + a$, so erhält man $100(a - c) + (c - a)$. Das wird umgeformt zu $100(a - c - 1) + 90 + (10 + c - a)$. Addiert man hierzu die Zahl $100(10 + c - a) + 90 + (a - c - 1)$, so erhält man die Summe 1089.

Nachgedacht und mitgemacht!

a) $\dfrac{7s - 10s - 12s}{15} = -s$

b) $\dfrac{1}{2r^3 t}$

c) $5k - 7k = -2k$

d) $\dfrac{a}{3} \cdot \sqrt{\dfrac{a}{3}}$

e) $\dfrac{(2a - 1)(2a + 1)}{2a + 1} = 2a - 1$

f) $9a^2 - 30ab + 25b^2$

g) $125a^3 - 75a^2 + 15a - 1$

h) $3a^2 - \dfrac{19}{2}ab - 10b^2$

i) $4m^2 - 8{,}2mn - 12mn^2 + 25n^2$

k) $4(d - 2) = 3d; \; d = 8$

l) $x = 3{,}0$

m) $\dfrac{a^2 - ab + ab + b^2}{(a + b)(a - b)} = \dfrac{a^2 + b^2}{a^2 - b^2}$

n) $\dfrac{bc}{abc} + \dfrac{ac}{abc} = \dfrac{ab}{abc}$

$bc + ac = ab$

$c(b + a) = ab$

$c = \dfrac{ab}{a + b}$

o) $a = \dfrac{4}{5b}$

p) $pkt = s - p$

$t = \dfrac{s - p}{pk}$

q) $r^3 = \dfrac{3V}{4}$

$r = \sqrt[3]{\dfrac{3V}{4}}$

r) $2A = (a + c) \cdot h$

$\dfrac{2A}{h} = a + c; \; a = \dfrac{2A}{h} - c$

s) $p = 1\,220$; $r = 2\,680$; $z = 134$, denn

$$5\,720 - 1\,220 = 4\,500$$
$$1\,220 + 2\,680 = 3\,900$$
$$2\,680 : \quad 20 = \quad 134$$
$$\overline{10\,000 - 2\,680 - 1\,220 - 5\,966 = 134}$$

t)

a	b	c	$b + c$	$a(c-b)$	$a \cdot b$	$b : c$
$+3$	$+4$	-6	-2	-30	$+12$	$-\dfrac{2}{3}$
$+10$	$-\dfrac{1}{12}$	$+\dfrac{1}{3}$	$+\dfrac{1}{4}$	$+4\dfrac{1}{6}$	$-\dfrac{5}{6}$	$-\dfrac{1}{4}$
$+x$	$-y$	$+2z$	$2z - y$	$2xz + xy$	$-xy$	$-\dfrac{y}{2z}$

Kleine Mengenlehre

1 $U = \{11, 13, 15, 17, 19\}$
$P = \{11, 13, 17, 19\}$

Es gilt: $15 \in U$; $15 \notin P$; also $U \neq P$; P ist Teilmenge von U, in Zeichen: $P \subset U$.

2 Zwischen 1973 und 1975 gibt es kein Schaltjahr. Diese Menge hat kein Element, sie ist leer, wir sagen auch: Es liegt eine Nullmenge vor. Schreibweise $S = \emptyset$.

3 $E = \{0, 6, 12, 18, 24, 30\}$ und
$F = \{0, 6, 12, 18, 24, 30\}$, also $E = F$

(Die Menge E enthält dieselben Elemente wie die Menge F.)

4 Die Komplementärmenge heißt $\bar{S} = \{0, 1, 4, 6\}$

5 $V \cup M$ (gelesen: V vereinigt mit M)
$F = \{a, b, c, d, e, f\} \cup \{d, e, g, h, k\}$
$F = \{a, b, c, d, e, f, g, h, k\}$

In dieser Menge sind genau die Schüler zusammengefaßt, die eine Fahrkarte benötigen (also 9 Schüler). Wir erkennen: Werden zwei Mengen vereinigt, die einige Elemente gemeinsam haben, dann enthält die Vereinigungsmenge sämtliche Elemente der beiden Mengen, aber jedes nur einmal.

6 Es melden sich nur die Schüler h, k und l; denn nur diese gehören sowohl zur Volleyballmannschaft als auch zum Mathematikzirkel. Die Schüler h, k und l bilden ebenfalls eine Menge, d.h. den Durchschnitt der Menge von Z und B. Man schreibt dafür $B \cap Z$ (gelesen: B geschnitten mit Z). Es ist also $B \cap Z = \{h, k, l\}$.

7 a) Vier Schüler können weder radfahren noch schwimmen. $R \cap S$ enthält 9 Elemente, $R \backslash S$ (d.h. Differenz von R und S) enthält 5 Elemente, $S \backslash R$ enthält 16 Elemente, $K \backslash (R \cup S)$ enthält 4 Elemente.
b) A (rote Rosen) x Elemente, $x = 7$, B (gelbe Rosen) y Elemente, $y = 4$, C (rote Nelken) z Elemente, $z = 9$

$A \cup C : (x + z) = 16$ Elemente
$A \cup B : (x + y) = 11$ Elemente
$(A \cup C) \cup (A \cup B) \backslash A : 20$ Elemente

Marie-Luise erhielt 20 Blumen.
c) Hans fand 16 Eicheln, 10 Kastanien und 23 Bucheckern, also 49 Waldfrüchte.
d) $B \cup V$ enthält $11 + 5 + 7 = 23$ Elemente, $B \subset K$ und $V \subset K$, $K \backslash (B \cup V)$ enthält 9 Elemente.
Neun Schüler dieser Klassen beteiligen sich an keiner dieser beiden Interessengemeinschaften.

Gleichungen in Theorie und Praxis

1
$$\begin{array}{ll} x + y = 121 \\ \underline{x - y = 45} \\ 2x = 166 \\ x = 83 \end{array}$$

$y = 121 - x$
$y = 38$
Die Zahlen heißen 83 und 38.

2
$$\begin{array}{l} xy = 3(x + y) \\ \underline{xy = 6(x - y)} \\ 3y^2 = 18y - 6y \\ 0 = y(18 - 6 - 3y) \\ y_1 = 0 \quad y_2 = 4 \end{array}$$

$3(x + y) = 6(x - y)$
$x = 3y$

$x_1 = 0 \quad x_2 = 12$

Die Aufgabe hat zwei Lösungen: $x_1 = 0$ und $y_1 = 0$ bzw. $x_2 = 12$ und $y_2 = 4$.

3 $\dfrac{x + 5}{y - 3} = 2$ $\qquad$ $\dfrac{x + 3}{y - 5} = 3$ $\quad$ $x = 3$, $y = 7$

4 $\dfrac{x+33}{2} = -2x$ $\qquad\qquad x = -\dfrac{33}{5}$

5 Angenommen, $x = 11$ erfülle die gegebene Gleichung mit unbekanntem Summanden.

$$\dfrac{11}{2} + \dfrac{11}{3} + a = 11 - \dfrac{3}{4} \qquad a = \dfrac{13}{12}$$

Also hat nur die Zahl $a = \dfrac{13}{12}$ die verlangte Eigenschaft.

6 a) $(x + 0{,}1x)^2 = z$; b) $(a^2bc) : \sqrt{p} = t$; c) $t = -45$

7 Im ersten Speicher lagerten ursprünglich x Tonnen, im zweiten $p - x$ Tonnen Korn. Dem ersten Speicher wurden $a \cdot t$ Tonnen, dem zweiten $b \cdot t$ Tonnen Korn entnommen.

$x - at = (p - x) - bt$; $2x = at - bt + p$

$$x = \dfrac{1}{2}[t(a - b) + p].$$

Im ersten Speicher lagerten ursprünglich $\dfrac{1}{2}[p + t(a - b)]$ Tonnen, im zweiten $\dfrac{1}{2}[p - t(a - b)]$ Tonnen.

8 $v = \dfrac{s}{t} = \dfrac{0{,}2\,\text{km} \cdot 3\,600}{10\,\text{h}} = 72\,\dfrac{\text{km}}{\text{h}}$

Nein, der Fahrer hat die zulässige Höchstgeschwindigkeit überschritten.

9 Es sei n die Anzahl der Ringe, die ein Schütze höchstens erreichen kann, dann entfallen auf Monika $\dfrac{4}{5}n$ Ringe, auf Bärbel $\dfrac{4}{5}n + 4$ Ringe, auf Margit $\dfrac{4}{5}n + 2$ Ringe. Zusammen erreichten die drei Mädchen also $\dfrac{12}{5}n + 6$ Ringe. Die Gleichung $\dfrac{12}{5}n + 6 = \dfrac{5}{2}n$ hat die Lösung $n = 60$.

Ein Schütze konnte 60 Ringe erreichen. Bärbel erzielte 52, Margit 50 und Monika 48 Ringe.

10   1. Zahl: n;   2. Zahl: $n + 5$;   3. Zahl: 23 oder 29;
       4. Zahl: $2n + 5$;   5. Zahl: $2n + 7$;   6. Zahl: $3n$.
Entweder $9n + 40 = 175$ oder $9n + 46 = 175$
                $n = 15$ $9n = 129$
Letzteres n kommt nicht in Frage, da 129 kein Vielfaches von 9 ist. Herr Schulze tippte die Zahlen 15, 20, 23, 35, 37 und 45.

11 $\dfrac{x + 107}{100} \cdot 4 = 7$; $x = 68$
Die Zahl 68 erfüllt die Bedingungen.

Nachgedacht und mitgemacht!

Ungarn	$x = 3\,900$	Polen	$x = m$
ČSFR	$x = -1$	Bulgarien	$x = 1$
Island	$x = \dfrac{1}{2}$	Deutschland	$x_{1,2} = \pm 1$
UdSSR	$x = 1$	Österreich	$x = 35$*
Rumänien	$x = 1$; $y = 3$ oder $x = 3$; $y = 1$		
Großbritannien	$x = 1$; $y = -2$; $z = 0$		

*denn $(2^2)^{\sqrt{x+1}} = 2^6 \cdot 2^{\sqrt{x+1}}$; $2^{2\sqrt{x+1}} = 2^{6 + \sqrt{x+1}}$;
$2\sqrt{x+1} = 6 + \sqrt{x+1}$; $\sqrt{x+1} = 6$; $x + 1 = 36$

Größer, kleiner oder gleich?

1   Aus $x < z$, $x < v$, $v < y$, $z < v$, $x < y$, $z < y$ folgt $x < z < v < y$.

2   In der Zahlenfolge 0, 1, 2, 3, …, 19, 20 ist die Zahl 0 kleiner als jede der folgenden 20 Zahlen. Es lassen sich also 20 verschiedene Ungleichungen bilden, in denen stets $a = 0$ ist und für b die Zahlen von 1 bis 20 eingesetzt werden können. Wenn $a = 1$, so kann b durch die Zahlen 2 bis 20, also durch 19 verschiedene Zahlen ersetzt werden. Diese Überlegungen setzen wir fort. Für $a = 19$ gibt es genau eine Möglichkeit, $b = 20$. Also gilt: $20 + 19 + \dots + 2 + 1 = 210$.
Es gibt genau 210 Möglichkeiten.

3   Aus (2) folgt $180 \,|\, a$, denn $4 \cdot 5 \cdot 9 = 180$. Also $0 < 180x < 4\,000$ für $x = 1, 2, 3, …, 22$. Nach (3) scheiden alle durch 2, 5 und 3 teilbaren x aus. Also $x = 1, 7, 11, 13, 17, 19$.
Aus (4) folgt $11 \,|\, (180x - 8)$; $11 \,|\, (4 \cdot 45x - 8)$, $11 \,|\, [4(45x - 2)]$. In dem Produkt $4(45x - 2)$ muß der zweite Faktor durch 11 teilbar sein. $11 \,|\, (45x - 2)$; $11 \,|\, [44x + (x - 2)]$.
Damit die Summe $44x + (x - 2)$ durch 11 teilbar ist, muß $x - 2$

durch 11 teilbar sein. Also $x = 13, 24 \ldots$ Nur $x = 13$ erfüllt die Ungleichung $0 < 180x < 4\,000$. Weil $a = 13 \cdot 180 = 2\,340$, ist die Lösungsmenge $L = \{2\,340\}$.

4 Allgemein gilt $\frac{a}{b} < \frac{c}{d}$ genau dann, wenn $a \cdot d < b \cdot c$. Aus $5a > 123$ folgt $a > 24\frac{3}{5}$, aus $11a < 287$ folgt $a < 26\frac{1}{6}$. Die Aufgabe besitzt nur die Lösungen: $a_1 = 25$ und $a_2 = 26$.

5 Durch Umstellung erhalten wir:

1. $e < a$ 3. $e < c$ 5. $b < a$ 7. $a < c$
2. $b < c$ 4. $d < e$ 6. $b < d$ 8. $d < e$.

Aus der Verknüpfung der Ungleichungen von 6, 4, 1 und 7 erhalten wir $b < d < e < a < c$. Die Ungleichungen 2, 3, 5 und 8 werden zur Lösung nicht benötigt.

6 $35 : 7 + 40 = 45$ $49 : 7 + 55 = 62$
$(81 - 39) : 7 > 5$ $(94 - 38) : 7 < 9$

7 $4y < 10 - 3x$; $y < \dfrac{10 - 3x}{4}$

$L = \{[0, 0]; [0, 1]; [0,2]; [1, 0]; [1, 1]; [2, 0]; [3, 0]\}$

8
$y = 0$, so gilt $x < 4$ und $2x > 10$, d. h. $x > 5$ (keine Lösung)

$y = 1$, so gilt $x < 3$ und $2x > 5$, d. h. $x > \dfrac{5}{2}$ (keine Lösung)

$y = 2$, so gilt $x < 2$ und $2x > 0$, also $x = 1$
$y = 3$, so gilt $x < 1$ und $2x > -5$, also $x = 0$.
$y > 3$ gibt wegen $x + y < 4$ keine Lösung. $L = \{[1, 2]; [0, 3]\}$.

Nachgedacht und mitgemacht!

1 $L = \{0, 1, 2\}$ **4** $L = \{0, 1\}$

2 $L = \{0, 1, 2, 3\}$ **5** $L = \{0, 1, 2, 3\}$

3 $L = \{0, 1, 2\}$ **6** $L = \{0, 1, 2, 3\}$

7 Keine Lösung im Bereich der natürlichen Zahlen. Lösungsmenge leer $L = \emptyset$.

8 $L = \{0, 1, 2, 3, 4\}$

9 $L = \{0, 1, 2, \ldots, 53\}$

10 $L = \{22, 23, 24, 25, 26\}$

11
$$7x + 22 < 58 - 11x$$
$$18x < 36$$
$$x < 2$$
$$L = \{0, 1\}$$

12
$$21x - 14 < 3x + 22$$
$$18x < 36$$
$$x < 2$$
$$L = \{0, 1\}$$

13
$$x^2 + 8x + 16 < x^2 + 2x + 1 - x + 78$$
$$7x < 63$$
$$x < 9$$
$$L = \{0, 1, 2, 3, 4, 5, 6, 7, 8\}$$

14
$$5x^2 - 8x - 4 < 0$$
$$x^2 - \frac{8}{5}x - \frac{4}{5} < 0$$
$$x^2 - \frac{8}{5}x - \frac{4}{5} + \left(\frac{8}{10}\right)^2 + \frac{4}{5} < \left(\frac{8}{10}\right)^2 + \frac{4}{5}$$
$$\left(x - \frac{4}{5}\right)^2 < \frac{36}{25}$$

Setzt man z anstatt $\left(x - \frac{4}{5}\right)$, so ist $z^2 < \frac{36}{25}$;

es ist also $-\frac{6}{5} < z < \frac{6}{5}$, d.h.

$$-\frac{6}{5} < x - \frac{4}{5} < \frac{6}{5} \quad \text{oder} \quad -\frac{6}{5} + \frac{4}{5} < x < \frac{6}{5} + \frac{4}{5}.$$

Man erhält daher $-\frac{2}{5} < x < 2$. $L = \{0, 1\}$

15
$$2x - 3 > 2(1 + 5x)$$
$$-8x > 5$$
$$x < -\frac{5}{8}$$

Keine Lösung im Bereich der natürlichen Zahlen. $L = \emptyset$.

16 $x^2 - 5x + 6 > 0$; $\left(x - \frac{5}{2}\right)^2 > \left(\frac{5}{2}\right)^2 - 6$;

$\left(x - \frac{5}{2}\right)^2 > \frac{1}{4}$; $z^2 > \frac{1}{4}$;

das gilt für $z > \frac{1}{2}$ oder $z < -\frac{1}{2}$ und $x - \frac{5}{2} > \frac{1}{2}$,

d. h. $x > 3$; bzw. $x - \frac{5}{2} < -\frac{1}{2}$, d. h. $x < 2$.

Die Ungleichung wird also durch alle x-Werte erfüllt, die größer als 3 oder kleiner als 2 sind. $L = \{0, 1, 4, 5 \ldots\}$.

17 Auflösung der Ungleichung (I): $2x > -14$; $x > -7$,
Auflösung der Ungleichung (II): $-x > -27$; $x < 27$.
Da die Ungleichung (I) von allen x-Werten, die größer sind als -7, und die Ungleichung (II) von allen x-Werten, die kleiner sind als 27, erfüllt wird, wird das Ungleichungssystem von allen Werten zwischen -7 und 27 befriedigt, seine Lösung lautet: $-7 < x < 27$. $L = \{0, 1, 2, \ldots, 26\}$.

18 $\frac{2}{3} < x < 2$. $L = \{1\}$.

19 $8(2x + 1) < 5(3x + 2)$
$16x + 8 < 15x + 10$
$x < 2$
a) $L = \{0, 1\}$
b) $L = \{-3, -2, -1, 0\}$
c) $M = \{0\}$

Logisch gedacht!

1 E. wird als Übeltäter von K. und R., J. wieder von K. und R. und K. von E. und R. angegeben. Keiner dieser drei Jungen kann also der Täter sein, denn nach der Erklärung des Lehrers muß der Schuldige von drei Verhörten genannt werden. R. wurde von E., J. und K., d. h. von drei Jungen beschuldigt. Er hat also die Fensterscheibe eingeschlagen.

2 Aus Satz 6 und Satz 4 folgt: Herr Altmann unterrichtet Biologie. Aus Satz 3 und Satz 7 und Satz 6 folgt: Herr Brendel unterrichtet nicht die Fächer Mathematik, Chemie, Biologie und Physik; also unterrichtet er die Fächer Deutsch und Geschichte. Somit muß der Physiklehrer Herr Clausner sein. Aus Satz 5 folgt, daß Herr Clausner nicht Mathematik unterrichtet, also verbleibt für ihn nur das Fach Chemie. Herr Altmann unterrichtet also noch im Fach Mathematik.

3 *1. Fall*: Angenommen, die Aussage 1 sei wahr, dann sind die Aussagen 2 und 3 falsch. Also hätte B. den Ball. Das steht im Widerspruch zu der Aussage 1.

2. Fall: Angenommen, die Aussage 2 sei wahr, d. h., B. hat den

Ball nicht. Dann sind die Aussagen 1 und 3 falsch. Also hat C. die Schere, A. den Ball nicht. Also müßte C. den Ball haben, was zum Widerspruch führt.

3. Fall: Angenommen, die Aussage 3 sei wahr, dann sind die Aussagen 1 und 2 falsch. Also hat B. den Ball, C. den Bleistift und A. die Schere.

4 W sei die Sprungweite von Werner usw. Es gilt dann:
a) $W < H < U$;
c) $J = 3{,}20\,\text{m} < W < H < U$;
d) $J = 3{,}20\,\text{m} < W < H = 3{,}40\,\text{m} < U$;
e) $W < K < U$.

Aus b) und e) ergeben sich nunmehr die folgenden Sprungweiten: $J = 3{,}20\,\text{m}$, $W = 3{,}30\,\text{m}$, $K = 3{,}40\,\text{m}$, $H = 3{,}40\,\text{m}$, $U = 3{,}45\,\text{m}$.

5 J sei die Ringzahl von Joachim usw. Es gilt dann:

(1) $J > G$;   (2) $E + R = J + G$;   (3) $E + J < R + G$.

Aus (2) und (3) ergibt sich durch Addition

$2E + J + R < 2G + J + R$, also $E < G$.

Hieraus und aus (2) folgt $R > J$. Daher gilt $R > J > G > E$.

6 Aus d) folgt: Herr K. wohnt in B. Aus a) und c) folgt: Herr L. wohnt weder in L. noch in E., also wohnt Herr L. in Sch. Aus b) folgt: Herr M. wohnt nicht in L., also wohnt er in E. Daher wohnt Herr Sch. in L.

7 Auf Grund der Voraussetzung hat die Klasse höchstens 45 Schüler und mindestens 25 Schüler. Damit ein Produkt durch 5 teilbar ist, muß es auf 0 oder 5 enden. Die Zahl der Schüler von Axels Klasse sei n.

n	$8n$	Quersumme von n	Quersumme von $8n$
25	200	7	2
30	240	3	6
35	280	8	10
40	320	4	6
45	360	9	9

Nur für $n = 30$ ist die Quersumme von $8n$ doppelt so groß wie die Quersumme von n. Axels Klasse umfaßt genau 30 Schüler. Es können 10 Schüler nur radfahren und 5 nur schwimmen; 15 Schüler üben beide Sportarten aus.

8 $\dfrac{x(x-1)}{2} = 231$

$x^2 - x - 462 = 0$

$x_1 = 22$

$x_2 = -21$ (entfällt).

Das Turnier hat 22 Teilnehmer.

9 Es können nur zwei Fünfzigpfennigstücke und ein Einpfennigstück dabei sein, weil sonst unter den gegebenen Bedingungen keine 10 Münzen möglich sind. Die restlichen sieben Münzen sind zwei Fünf- und fünf Zehnpfennigstücke.

10

11 Sechs Katzen müssen auf der rechten Seite der Waage sitzen, damit diese im Gleichgewicht ist.

Aus alten Mathematikbüchern

1 Die beiden Teile betrugen 8 und 2; $8 : 2 = 4$.

2 $\left(\dfrac{x}{8}\right)^2 + 12 = x$

$x^2 - 64x + 768 = 0$

$x_{1,2} = +\dfrac{64}{2} \pm \sqrt{\left(\dfrac{64}{2}\right)^2 - 768}$

$x_{1,2} + 32 \pm \sqrt{256}$

$x_1 = 48$

$x_2 = 16$

Die Herde bestand aus 48 oder 16 Affen.

3 $a^2 = x^2 + 50^2$

$a^2 = (60 - x)^2 + 40^2$

$\overline{x^2 + 50^2 = (60 - x)^2 + 40^2}$

$x = 22{,}5$

Der eine Turm steht 22,5 eln, der andere 37,5 eln entfernt.

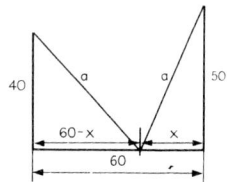

4 $\frac{x}{1} + \frac{x}{3} + \frac{x}{6} = 1$ $x = \frac{2}{3}$

Die 3 Tiere fressen das Schaf zusammen in $\frac{2}{3}$ Stunden.

5 $x + \frac{1}{2}x + \frac{1}{4}x + 1 = 134$ $x = 76$

Der Vater ist also 76 Jahre alt.

6 $x^2 + (2x)^2 + (4x)^2 = 189$ $x_1 = +3$ $x_2 = -3$

Die Aufgabe hat genau zwei Lösungen: (3, 6, 12); (−3, −6, −12).

7 Es sei x die erste der beiden Zahlen, die zweite $79 + x$. Ferner gilt $x^2 + (79 + x)^2 + \sqrt{x^2 + (79 + x)^2} = 10\,302$. Ersetzen wir in dieser Gleichung $\sqrt{x^2 + (79 + x)^2}$ durch t, so erhalten wir $t^2 + t - 10\,302 = 0$ mit den Lösungen $t_1 = 101$ und $t_2 = -102$. Deshalb gilt $101^2 = x^2 + (79 + x)^2$ und $(-102)^2 = x^2 + (79 + x)^2$; nur die Lösungen der ersten dieser beiden Gleichungen sind ganzzahlig, und zwar $x_1 = -99$ und $x_2 = +20$. Wir erhalten: $+99$ und $+20$ oder -20 und -99.

8 $\frac{x}{2} + \frac{x}{4} + \frac{x}{7} + 3 = x$; $x = 28$ Es waren 28 Personen.

9 $x + x + \frac{1}{2}x + \frac{1}{4}x + 1 = 100$ $x = 36$

Der Lehrer unterrichtet 36 Schüler.

10 $x + 49x = 25$ $x = \frac{1}{2}$

Der kleinere Summand ist gleich $\frac{1}{2}$, der größere gleich $24\frac{1}{2}$.   *111*

11 Wir wählen einen Punkt P so, daß er in derjenigen durch die Gerade g bestimmten Halbebene liegt, in der die Gerade h nicht gelegen ist. Die Verbindungsgeraden von P mit A bzw. B schneiden die Gerade g in den Punkten C bzw. D. Wir verbinden A mit D und B mit C und erhalten den Schnittpunkt S der Geraden AD und BC. Wir zeichnen die Gerade PS. Dann ist der Schnittpunkt von PS mit h der Mittelpunkt der Strecke $\overline{AB}$.

12 Da $\sphericalangle CDA = 180° - \beta$ und $\cos(180° - \beta) = -\cos\beta$ ist, folgt aus

$x^2 = a^2 + b^2 - 2ab\cos\beta$ und
$x^2 = c^2 + d^2 - 2cd\cos(180° - \beta) = c^2 + d^2 + 2cd\cos\beta$
$a^2 + b^2 - 2ab\cos\beta = c^2 + d^2 + 2cd\cos\beta$
$2\cos\beta \cdot (ab + cd) = a^2 + b^2 - c^2 - d^2$

$$2\cos\beta = \frac{a^2 + b^2 - c^2 - d^2}{ab + cd}$$

$$x^2 = a^2 + b^2 - \frac{ab(a^2 + b^2 - c^2 - d^2)}{ab + cd}.$$

13 $20x = 25(x - 12)$ $x = 60$

Das Volumen der Zisternen betrug 1 200 Liter.

14 $x + (x + 2) + (x + 4) + (x + 6) + \ldots$
$+ (x + 22) = 1\,008$
$12x + 132 = 1\,008$
$x = 73$

In der 1. Horde befanden sich also 73 Schafe, in der 2. Horde 75 Schafe, in der 3. Horde 77 Schafe, … und in der 12. Horde 95 Schafe.

Größen gesucht

1 a) $A_{\text{Dreieck } ABC} = A_{\text{Quadrat}} + A_{\text{3 Teildreiecke}}$, also:

$$\frac{a^2}{4}\sqrt{3} = x^2 + 2 \cdot \frac{x}{2}\left(\frac{a - x}{2}\right) + \frac{x}{2}\left(\frac{a}{2}\sqrt{3} - x\right)$$

$$a^2\sqrt{3} = a(2x + x\sqrt{3})$$

$$a\sqrt{3} = 2x + x\sqrt{3} = x(2 + \sqrt{3})$$

$$x = \frac{a\sqrt{3}}{2 + \sqrt{3}} = a(2\sqrt{3} - 3)$$

b) $h^2 = a^2 - \left(\dfrac{a}{2}\right)^2$; $\quad h = \dfrac{a}{2}\sqrt{3}$

c) $a = 28\,\text{cm} + (28 - 11)\,\text{cm} = 45$; $\quad b = 28\,\text{cm}$

$\quad x = e = \sqrt{a^2 + b^2} = \sqrt{45^2 + 28^2} = \sqrt{2\,809} = 53$,

d. h., die Diagonale des Rechtecks beträgt 53 cm.

d) Im Rechteck $ABCD$ gilt: $A = a \cdot b = A_1 + A_2$.

$\quad a = (10 + 8)\,\text{cm} = 18\,\text{cm},$

$\quad (90 + 180)\,\text{cm}^2 = 18\,\text{cm} \cdot b\,\text{cm}$; $\quad b = 15\,\text{cm}.$

Im Trapez $EBCG$ gilt:

$A = \dfrac{g_1 + g_2}{2} \cdot h$; $\quad h = b = 15\,\text{cm}$; $\quad g_2 = 8\,\text{cm}.$

$180\,\text{cm}^2 = \dfrac{g_1 + 8}{2}\,\text{cm} \cdot 15\,\text{cm}$; $\quad g_1 = 16\,\text{cm}.$

Im Dreieck EFG gilt:

$x^2 = \overline{EF}^2 + \overline{FG}^2$; $\quad \overline{EF} = (g_1 - 8)\,\text{cm} = 8\,\text{cm},$

$\overline{FG} = b = 15\,\text{cm}$, $\quad x = \sqrt{8^2 + 15^2}\,\text{cm} = 17\,\text{cm}$

e) $A_Q = a^2$; $\quad A_D = \dfrac{a^2}{7}$; $\quad x = \dfrac{a^2}{7} : \dfrac{a}{4} = \dfrac{4}{7}a$

2 a) $\overline{CB} = \sqrt{\overline{AB}^2 - \overline{AC}^2} = \sqrt{17^2 - 15^2}\,\text{cm} = 8\,\text{cm}.$

$\quad \overline{DB} = \sqrt{\overline{CD}^2 + \overline{BC}^2} = \sqrt{6^2 + 8^2}\,\text{cm} = 10\,\text{cm} = x$

b) $a = 14\,\text{cm} + 7\,\text{cm} = 21\,\text{cm}$; $\quad b = x.$

$\quad e = 14\,\text{cm} + (14 + 7)\,\text{cm} = 35\,\text{cm}$

$\quad x^2 = e^2 - a^2$; $\quad x = \sqrt{35^2 - 21^2} = 28$

Die Rechteckseite $b = x$ beträgt 28 cm.

c) Aus $u = x + b + c = 22$ und $b = c = (x + 2)$ folgt:

$\quad 22 = x + (x + 2) + (x + 2)$ bzw. $x = 6$;

d. h., die Seite x ist 6 cm lang.

d) $a = b = 75\,\text{cm}$; $\quad c = 75\,\text{cm} + (75 - 12)\,\text{cm} = 138\,\text{cm}$;

$\dfrac{c}{2} = 69\,\text{cm}.$

$h_c^2 = a^2 - \left(\dfrac{c}{2}\right)^2$; $\quad h_c = \sqrt{75^2 - 69^2} = \sqrt{864}$

$x^2 = h_c^2 + \left(\dfrac{12}{2}\right)^2$; $\quad x = \sqrt{864 + 36} = 30.$

Die Länge der Strecke x beträgt 30 cm.

e) $A_Q = A_D = A_T = 12^2$ cm^2 = 144 cm^2

$A_D = \dfrac{g \cdot h_1}{2}$ bzw. $144 = \dfrac{12 \cdot h_1}{2}$; $h_1 = 24$.

Die Höhe h_1 der Dreiecke beträgt 24 cm.

$A_T = \dfrac{g_1 + g_2}{2} \cdot h_2$ bzw. $144 = \dfrac{(24 + 12 + 24) + 12}{2} \cdot h_2$;

$h_2 = 4$. Die Höhe h_2 des Trapezes beträgt 4 cm.
$x = g + h_2 = 12$ cm $+ 4$ cm $= 16$ cm.

f) Ergänzt man Dreieck ACB zu einem Sehnenviereck $DACB$, wobei P in dessen Innerem liegt, dann ist die Summe der Gegenwinkel gleich 180°. Der Gegenwinkel von x sei α, dann gilt $x + \alpha = 180°$. Da $\sphericalangle BPA = 160°$ Zentriwinkel und α der entsprechende Peripheriewinkel ist, ergibt sich $\alpha = \dfrac{160°}{2} = 80°$. Dann ist $x + \alpha = 180°$ und $x = 100°$.

3 a) $x = \dfrac{a}{6}\sqrt{3}$;   b) $x = \dfrac{a}{3}\sqrt{3}$;

c) Im konkaven Viereck beträgt die Winkelsumme 360°. Der Peripheriewinkel beträgt $\dfrac{128°}{2} = 64°$. Der Ergänzungswinkel zum Mittelpunktswinkel beträgt $(360° - 128°) = 232°$. Es ergibt sich für Winkel $x = 360° - (232° + 20° + 64°) = 44°$.

d) $\sphericalangle AMD = 180° - (90° + 20°) = 77°$;
   $\sphericalangle CMB = (180° - 70°) = 110°$

(als Supplementwinkel). Da $\triangle CMB$ gleichschenklig ist, betragen die Basiswinkel dieses Dreiecks $\dfrac{180° - 110°}{2} = 35°$, d. h. $\sphericalangle DCE = 35°$.

Da $\triangle CDE$ rechtwinklig ist, folgt für $\sphericalangle CED = 90° - 35° = 55°$ und für Winkel $x = (180° - 55°) = 125°$ (als Supplementwinkel).

e) Summe der Innenwinkel im n-Eck: $2(n - 2) \cdot 90° = 540°$

$\alpha + \beta + \gamma + \delta + \varepsilon = 2 \cdot 540° - 5 \cdot 180° = 180°$

4 Die farbige Fläche wird immer mit A, die Quadratfläche mit A_Q, die Dreieckfläche mit A_D, die Rechteckfläche mit A_R und die Kreisfläche mit A_K bezeichnet.

a) $A = A_Q - A_K$

$$A = a^2 - A_K = a^2 - \frac{a^2}{4}\pi = \frac{a^2}{4}(4 - \pi)$$

b) $A = A_Q - 4A_K = a^2 - 4\pi\frac{a^2}{16} = \frac{a^2}{4} + 4 - \pi)$

Die beiden Flächen sind gleich groß.

5 a) $\overline{BC}^2 = a^2 + \left(\frac{a}{2}\right)^2 = \frac{5a^2}{4}$ $\overline{DE} = \overline{EB} = x$ (Strahlensatz)

$\overline{BC} = \frac{a}{2}\sqrt{5}$ $\overline{BC}:a = a:2x$

$(\Delta ABC \sim \Delta ABD)$

$A = x^2 = \frac{a^2}{5}$ $x = \frac{a}{5}\sqrt{5}$

b) $A = A_{Q1} - A_{Q2} - 2A_D = a^2 - \frac{a^2}{4} - \frac{a^2}{2} = \frac{a^2}{4}$

c) $\overline{BE}$ undd $\overline{DF}$ sind im ΔABD Seitenhalbierende und teilen sich im Verhältnis 1:2. Dann ist auch die Höhe h von P auf $\overline{AB}$ gleich $\frac{a}{3}$. Nun ist

$$A = A_Q - 2 \cdot A_{AFD} - 2 \cdot A_{FBP} = a^2 - \frac{2a^2}{4} - \frac{2a^2}{12} = \frac{a^2}{3}$$

d) $A = A_R - 2 \cdot A_{D1} - 2 \cdot A_{D2} = 3a^2 - 2 \cdot \frac{2a^2}{2} - 2 \cdot \frac{a^2}{4} = \frac{1}{6}a^2$

6 a) $A:A_R = \frac{a^2}{8} : 3a^2 = \frac{1}{24}$ $A = \frac{a \cdot a}{4 \cdot 2} = \frac{a^2}{8}$

b) $A_{ABS}:A_R = \frac{9a^2}{8} : 3a^2 = \frac{3}{8}$

c) $A_{ASED}:A_R = \frac{7a^2}{8} : 3a^2 = \frac{7}{24}$

7 $\overline{M_1M_2}$ zerlegt das Rechteck in zwei kongruente kleinere Rechtecke, deren Diagonalen sich im Verhältnis 2:1 teilen. Die Höhen der schraffierten Dreiecke betragen somit $\dfrac{a}{3}$ bzw. $\dfrac{a}{6}$.

$$A = 2 \cdot \frac{ab}{6} + 2 \cdot \frac{ab}{24} = \frac{5}{12} \, ab \, ;$$

$$p = \frac{100 \cdot 5 \cdot ab}{12 \cdot ab} \% = 41\frac{2}{3} \%$$

8 Wir fällen von C das Lot $\overline{CG} = h$ auf die Gerade AB und ziehen durch F die Parallele zur Geraden CG. Sie schneide AB in H und CD in K. Für die Dreiecke AHF und DKF gilt:

$\triangle AHF \cong \triangle DKF$ und somit auch $\overline{FH} = \overline{FK} = \dfrac{h}{2}$.

$$A_{ABCD} = ah \quad A_{AEF} = \frac{ah}{8} \, ; \quad A_{EBC} = \frac{ah}{4} \, ; \quad A_{CDF} = \frac{ah}{4}$$

$$A = ah - \frac{ah}{8} - \frac{ah}{4} - \frac{ah}{4} = \frac{3}{8} \, ah = \frac{3}{8} \, A_{ABCD}$$

9 Die 8 nicht schraffierten rechtwinkligen Dreiecke sind kongruent. Nun ist $EB = \dfrac{a}{2} \sqrt{5}$ und $\triangle ABE \sim \triangle HBG$ (s. a. Aufg. 5).

$$\frac{a}{2} \sqrt{5} : \frac{a}{2} = \frac{a}{2} : \overline{HG} \qquad\qquad \frac{a}{2} \sqrt{5} : a = \frac{a}{2} : \overline{GB}$$

$$\overline{HG} = \frac{a}{2\sqrt{5}} \qquad\qquad\qquad \overline{GB} = \frac{a}{\sqrt{5}}$$

$$\triangle HBG = \frac{a \cdot a}{2 \cdot \sqrt{5} \cdot \sqrt{5} \cdot 2} = \frac{a^2}{20}$$

$$A = A_Q - 8 \cdot A_D = a^2 - \frac{8a^2}{20} = \frac{3}{5} \, a^2$$

$$A_Q : A = a^2 : \frac{3}{5} \, a^2 = 1 : \frac{3}{5} = 5 : 3$$

10 $A_1 = \triangle ACD - \triangle APF - \triangle PCH \quad \triangle ABC \cong \triangle ACD$
$A_2 = \triangle ABC - \triangle AGP - \triangle PEC \quad \triangle AGP \cong \triangle APF$
Daraus folgt: $A_1 = A_2$ $\qquad\qquad\qquad \triangle PEC \cong \triangle PCH$

11 a) Die Restfläche APQ ist die Differenz aus dem Viereck APMQ und dem Sektor $\overset{\frown}{MQP}$. Die Höhe h des Dreiecks ABC ist

$\overline{CR} = \dfrac{a}{2}\sqrt{3}$. Die Seitenhalbierenden teilen einander 1:2. Folglich

ist $\overline{MR} = \dfrac{a}{6}\sqrt{3}$; $\overline{PR} = \dfrac{a}{6}$; $\overline{AP} = \dfrac{a}{3}$. (Pythagoras).

Ebenso gilt $\overline{QS} = \dfrac{a}{6}$; $\overline{AQ} = \dfrac{a}{3}$.

Da $\sphericalangle PAQ = 60°$, folgt für $\overline{QP} = \dfrac{a}{3}$ und $\sphericalangle QMP = 60°$.

Das Viereck $APMQ$ ist demnach ein Rhombus mit der Fläche

$A_1 = \dfrac{a}{3} \cdot \dfrac{a}{6}\sqrt{3} = \dfrac{a^2}{18}\sqrt{3}$.

Der Kreissektor $\overset{\frown}{MPQ}$ hat die Fläche $A_2 = \dfrac{a^2}{54}\pi$.

$A = \dfrac{a^2}{54}\left(3\sqrt{3} - \pi\right)$

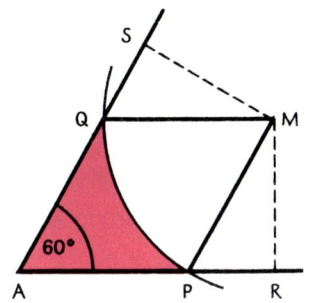

b) Im gleichseitigen Dreieck gilt: Fläche $A_{D1} = \dfrac{a^2}{4}\sqrt{3}$ und Höhe

$h = \dfrac{a}{2}\sqrt{3}$.

Das stumpfwinklige Dreieck hat die Höhe $\overline{MM_1} = \dfrac{h}{3} = \dfrac{a}{6}\sqrt{3}$ und

die Fläche $A_{D2} = \dfrac{a \cdot a\sqrt{3}}{6 \cdot 2} = \dfrac{a^2}{12}\sqrt{3}$.

$A = A_{D1} - A_{D2} = \dfrac{a^2}{6}\sqrt{3}$.

Rund um den Kreis

1 $A_R = r^2 - A_S = r^2 - \dfrac{r^2\pi}{4} = r^2\left(1 - \dfrac{\pi}{4}\right)$ s. S. 118

$A = A_Q - 8A_R = (2r)^2 - r^2(8 - 2\pi) = 2r^2(\pi - 2)$

$A_Q : A = (2r)^2 : 2r^2(\pi - 2) = 2 : (\pi - 2)$

2 Die Rosette in der Abb. entspricht der Fläche aus Aufg. 1, $A_R = 2r^2(\pi - 2)$. Der Inkreis des großen Quadrates (Umkreis des kleinen Quadrates) ist nach der Abb. wie folgt zu berechnen:

$$A_I = \frac{\pi}{4}\left(a\sqrt{2}\right)^2 = \frac{\pi}{2}\,a^2 \text{ mit } d = a\sqrt{2}$$

Folglich beträgt die Seite des großen Quadrates $a' = a\sqrt{2}$ bzw. $2r\sqrt{2}$ und die Fläche $A' = \left(2r\sqrt{2}\right)^2 = 8r^2$.

$$A = A_Q - A_I + A_R = 8r^2 - \frac{\pi}{2}\,a^2 + 2r^2(\pi - 2) = 4r^2 = a^2$$

$$A_Q : A = 8r^2 : 4r^2 = 2 : 1$$

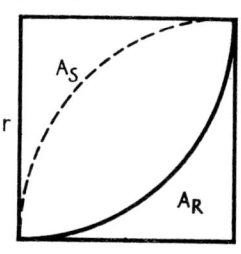

3 Aus der Abb. ergibt sich für 4 Möndchen die Fläche $A = a^2$, d.h., 2 Möndchen haben die Fläche $A = \dfrac{a^2}{2}$. Daraus folgt

$$A_Q : A = a^2 : \frac{a^2}{2} = 2 : 1.$$

4 a) $A = A_Q - \dfrac{A_K}{4} = (2r)^2 - 4\cdot\dfrac{r^2\pi}{4} = r^2(4 - \pi) = \dfrac{a^2}{4}(4 - \pi)$

b) Die schraffierte Fläche ist die Summe aus 2 Viertelkreisen und $2A_R$ (nach Abb. zu 1).

$$A = 2\cdot\frac{A_K}{4} + 2A_R = 2\cdot\frac{r^2\pi}{4} + 2\cdot r^2\left(1 - \frac{\pi}{4}\right) = 2r^2 = \frac{a^2}{2}$$

5 a) $A = A_Q - 2A_R$ (nach Abb. zu 1)

$$A = r^2 - 2\cdot r^2\left(1 - \frac{\pi}{4}\right) = \frac{r^2}{2}(\pi - 2) = \frac{a^2}{8}(\pi - 2)$$

b) $A = A_Q - 2\cdot\dfrac{A_K}{4} - \left(2\cdot\dfrac{A_Q}{4} - 2\cdot\dfrac{A_K}{4}\right)$

$$A = a^2 - \frac{2\left(\frac{a}{2}\right)^2\cdot\pi}{4} - 2\cdot\frac{a^2}{4} + \frac{2\left(\frac{a}{2}\right)^2\cdot\pi}{4} = \frac{a^2}{2}.$$

c) A_N sind die nichtschraffierten Kreissegemente, A_H ist der Halbkreis über a, A_M ist die Fläche der Möndchen.

$$4 \cdot A_N = A_K - A_Q = \frac{\pi}{4} \left(a \sqrt{2} \right)^2 - a^2 = \frac{\pi}{2} a^2 - a^2 \, ; \qquad d = a \sqrt{2}$$

$$4 \cdot A_H = 4 \cdot \frac{\frac{\pi}{4} d^2}{2} = \frac{\pi}{2} a^2 \, ; \quad d = a$$

$$4 \cdot A_M = \frac{\pi}{2} a^2 - \left(\frac{\pi}{2} a^2 - a^2 \right) = a^2 = A$$

d) Die gesuchte Fläche läßt sich aus dem Quadrat über der Zwölfeckseite und vier Segmenten über den Seiten dieses Quadrates zusammensetzen. Die Zwölfeckseite ergibt sich als $x = a \sqrt{2 - \sqrt{3}}$. Das Quadrat ist $x^2 = a^2 (2 - \sqrt{3})$. Das Segment erhält man als Differenz der Fläche des Kreissektors und der Fläche eines gleichschenkligen Dreiecks mit den Seiten a, a und x.

$$A_{\text{Segment}} = \frac{\pi}{12} a^2 - \frac{a^2}{4} = \frac{a^2}{12} (\pi - 3)$$

$$A = a^2 (2 - \sqrt{3}) + 4 \cdot \frac{a^2}{12} (\pi - 3) = a^2 \left(1 + \frac{\pi}{3} - \sqrt{3} \right)$$

6 $\quad A = \frac{\pi}{4} d_1^2 - \frac{\pi}{4} d_2^2 \, ; \quad d_1 = \frac{2}{3} a \, ; \quad d_2 = \frac{1}{3} a$

$$A = \left(\frac{4}{36} a^2 - \frac{1}{36} a^2 \right) \pi = \frac{1}{12} a^2 \pi$$

$$u = \pi d_1 + \pi d_2 = \frac{2}{3} a\pi + \frac{1}{3} a\pi = a\pi$$

$$A : A_Q = \frac{1}{12} a^2 \pi : a^2 = \pi : 12$$

$$u : u_Q = a\pi : 4a = \pi : 4$$

Nochmals Geometrisches

1 Der geforderte Winkel läßt sich aus einem rechten Winkel und einem Winkel vom Gradmaß 9° konstruieren $\left(\dfrac{\alpha}{4} = 9°\right)$.

2 Man zieht durch den Scheitelpunkt des Winkels γ die Parallele zu g und h. Es ist $\gamma = \alpha + \beta$. (Wechselwinkel an Parallelen.)

3 Es sei K ein Punkt, der auf derselben Seite der Geraden AB liegt wie F, und es sei $\overline{BK} \parallel \overline{AF}$. Dann gilt auch $\overline{BK} \parallel \overline{HG}$, $\overline{BC} \parallel \overline{AD}$ und wegen $\sphericalangle FAD = 30°$ auch $\sphericalangle KBC = 30°$. Daher schneiden die Geraden BC und HG einander, und es gilt $\alpha = \sphericalangle KBC = 30°$.

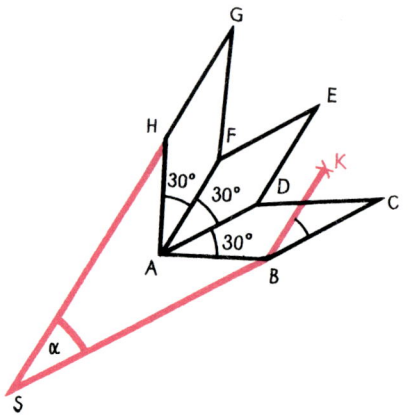

4 Es ist $\sphericalangle DFC = \alpha + \beta$ als Außenwinkel des Dreiecks ABF. Daher ist der gesuchte Winkel $\sphericalangle FDE = \sphericalangle DFC + \sphericalangle FCD = \alpha + \beta + \gamma$ als Außenwinkel des Dreiecks CDF.

5 Wir tragen die Strecken $a + b$, $b + c$ und $a + c$ auf einer Geraden g nacheinander von D bis F ab und halbieren die Strecke $\overline{DF}$. Der Mittelpunkt der Strecke $\overline{DF}$ sei E; dann gilt $\overline{DE} = a + b + c$. Nun schlagen wir um D mit $b + c$ und um E mit $a + c$ als Ra-

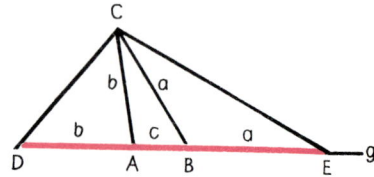

dius je einen Kreis; die Schnittpunkte dieser Kreise mit der Strecke $\overline{DE}$ seien die Punkte B und A. Dann gilt:

$\overline{DA} = (a + b + c) - (a + c) = b,$
$\overline{BE} = (a + b + c) - (b + c) = a,$
$\overline{AB} = (a + b + c) - (a + b) = c.$

Daher läßt sich das Dreieck ABC aus den drei Seiten leicht konstruieren.

6 Man teilt die Strecke $\overline{AB}$ in vier gleiche Teile mit den Teilpunkten P_1, P_2, P_3 und die Strecke $\overline{AD}$ in vier gleiche Teile mit den Teilpunkten Q_1, Q_2, Q_3 und verbindet den Punkt C mit den Punkten Q_1, Q_2, Q_3, A, P_1, P_2, P_3 und erhält so die acht Teildreiecke. Sie sind einander paarweise flächengleich, da die Teildreiecke ABC und ACD einander kongruent sind, die Flächeninhalte dieser Dreiecke einander gleich und dem halben Flächeninhalt des Parallelogramms $ABCD$ gleich sind.

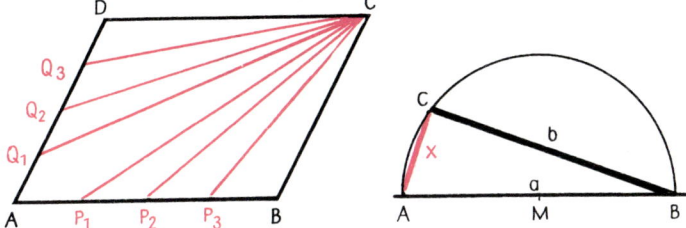

7 Ist x die Länge des gesuchten Quadrats, so gilt $x^2 = a^2 - b^2$. Man zeichnet daher die Strecke $\overline{AB} = a$, konstruiert über $\overline{AB}$ den Thaleskreis und schlägt um B mit dem Radius b einen Kreis, der den Thaleskreis in C schneidet. Dann ist $\overline{AC} = x$ die Seite des gesuchten Quadrates.

8 Bezeichnet man die Maßzahl der Seiten des gesuchten Quadrates mit x, so ist $x^2 = 16 \cdot 9 = 144$, also $x = 12$. Es liegt daher nahe, das gegebene Rechteck durch einen »treppenförmigen« Schnitt zu zerlegen.

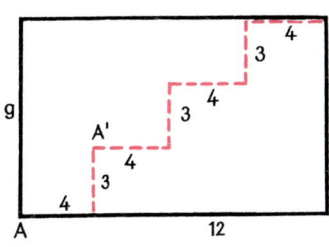

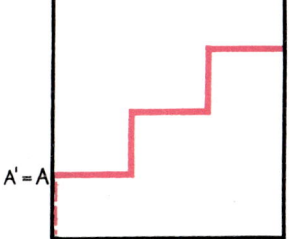

9 Wir konstruieren eine Gerade mit der geforderten Eigenschaft folgendermaßen:

Wir zeichnen die Verbindungsgerade von zwei der gegebenen Punkte und zeichnen durch den dritten gegebenen Punkt die Parallele zu der Verbindungsgeraden. Die nun zu konstruierende Mittellinie zu den beiden gezeichneten parallelen Geraden erfüllt die geforderte Eigenschaft. Es gibt also genau drei solcher Geraden. Diese drei Geraden schneiden sich paarweise in den Punkten S_1, S_2 und S_3, die die Verbindungsstrecken der gegebenen Punkte halbieren.

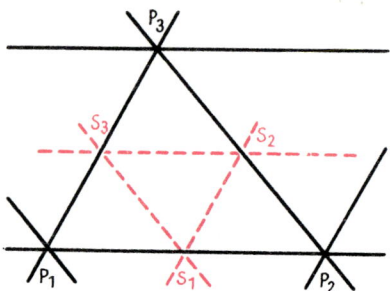

10 Wir drehen den Punkt P_1 um B als Drehpunkt im positiven Sinn um 180° und erhalten bei dieser Drehung P_1^* als Bildpunkt von P_1. Wir drehen ferner den Punkt P_2 um B als Drehpunkt im positiven Sinn um 180° und erhalten P_2^* als Bildpunkt von P_2. Auf Grund der vorliegenden Symmetrieeigenschaften (k_1 und k_2 sollen sich berühren und gleiche Radien besitzen) geht k_2 durch P_1^* und k_1 durch P_2^*. Es sind also nur die Umkreise der beiden Dreiecke $BP_1P_2^*$ und $P_2BP_1^*$ in der bekannten Weise zu konstruieren; diese besitzen die geforderten Eigenschaften.

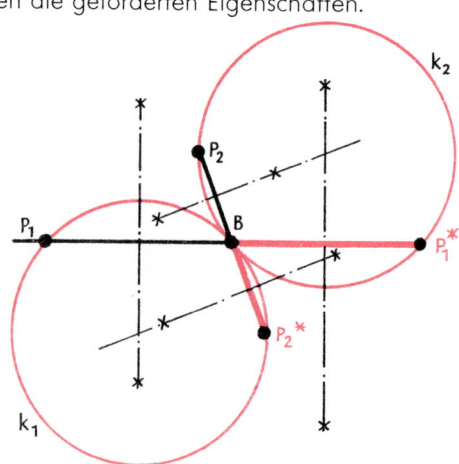

11 Man konstruiert ein beliebiges gleichseitiges Dreieck AB_1C_1 mit der Höhe $h_1 = \overline{C_1D_1}$ und verlängert die Seite $\overline{AC_1}$ über C_1 hinaus bis E_1 so, daß $\overline{C_1E_1} = h_1$ ist. Ferner bestimmt man auf dieser Verlängerung den Punkt E so, daß $\overline{AE} = a + h = 7,5$ cm beträgt. Dann zieht man durch E die Parallele zu E_1B_1, die die Gerade AB_1 in B schneidet. Endlich zieht man durch B die Parallele zu B_1C_1, die die Gerade AC_1 in C schneidet. Dann ist ABC das verlangte gleichseitige Dreieck. Aus der Konstruktion folgt nämlich $\triangle ABC \sim \triangle AB_1C_1$, als $\triangle ABC$ gleichseitig. Aus der Ähnlichkeit der Dreiecke CDE und $C_1D_1E_1$ folgt $\overline{CD} = \overline{CE}$, d. h., $\overline{AC} + \overline{CD} = 7,5$ cm.

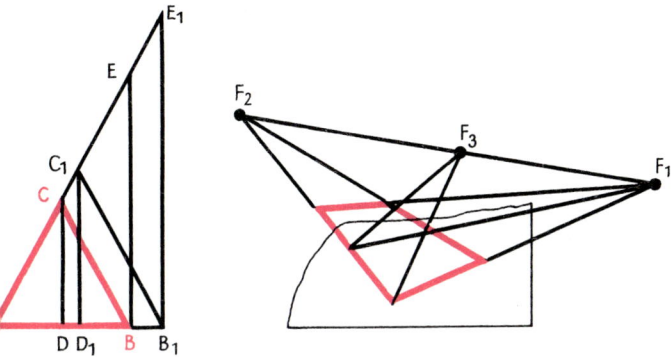

12 Die Verlängerungen der Bilder der parallelen Spielfeldseiten schneiden sich in den Fluchtpunkten F_1 bzw. F_2. Die Verbindungsgerade F_1F_2 liefert daher den Horizont des Bildes. Auf dem Horizont müssen sich auch die Bilder der parallelen Diagonalen beider Spielfeldhälften schneiden. Die eine Diagonale schneidet den Horizont in F_3. Folglich geht auch das Bild der parallelen Diagonalen der anderen Hälfte durch F_3. Damit läßt sich dann auch das Bild der vierten Seite des Spielfeldes leicht einzeichnen.

13 Wir zeichnen zur Geraden g zwei Parallelen m und n so, daß sie die Geraden k und h in den Punkten D und E bzw. M und N schneiden und daß diese Punkte auf dem Zeichenblatt liegen. Wir halbieren die Strecken $\overline{DE}$ und $\overline{MN}$; die Halbierungspunkte seien P und Q. Die Gerade PQ schneidet die Gerade g im Punkt T so, daß $\overline{AT} = \overline{BT}$ gilt.
Beweis: $\triangle ABC \sim \triangle MNC \sim \triangle DEC$.
Die Strecke $\overline{PC}$ ist Seitenhalbierende des Dreiecks DEC, die Strecke $\overline{QC}$ Seitenhalbierende des Dreiecks MNC. Aus der Ähn-

123

lichkeitslage der Dreiecke folgt, daß die Strecke $\overline{TC}$ Seitenhalbierende des Dreiecks ABC sein muß.

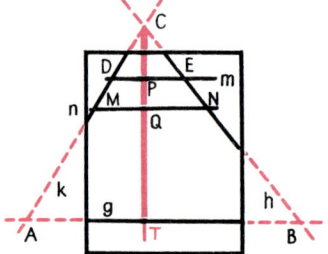

14 Wir zeichnen die Verbindungsgerade der Punkte D und E, verlängern die Strecke $\overline{CB}$ über B hinaus und erhalten den Schnittpunkt F. Dann ist $\overline{CF}$ gleich der anderen Seite des gesuchten Rechtecks, das dem ursprünglichen Rechteck $ABCD$ flächengleich ist.

Zeichnen wir nämlich durch F zu AB die Parallele, die die Verlängerung von $\overline{DA}$ in G schneidet, so gilt nach dem Strahlensatz $\overline{AE} : \overline{GF} = \overline{DA} : \overline{DG}$, also wegen

$\overline{GF} = \overline{AB}$, $\overline{DA} = \overline{BC}$, $\overline{DG} = \overline{CF}$ auch
$\overline{AE} : \overline{AB} = \overline{BC} : \overline{CF}$, d. h. $\overline{AE} \cdot \overline{CF} = \overline{AB} \cdot \overline{BC}$.

Das ursprüngliche Rechteck $ABCD$ ist also dem Rechteck mit den Seitenlängen $\overline{AE}$ und $\overline{CF}$ flächengleich. Dieses Rechteck $AHKE$ ist zur Veranschaulichung noch einmal gezeichnet worden.

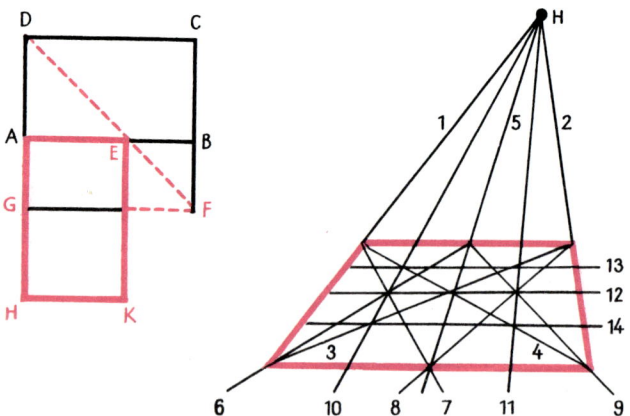

15 Die Abb. zeigt durch die den Geraden beigefügten Zahlen, in welcher Reihenfolge konstruktiv vorzugehen ist.

Von verschiedenen Seiten betrachtet

1 *Von oben wie gesehen?*

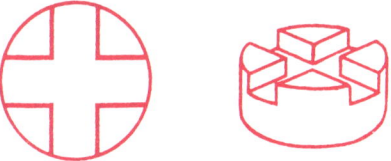

2 *Restkörpernetz gesucht!*

3 *Wir bauen einen Körper*

Ein solcher Körper entsteht z. B. aus einem Würfel mit der Kantenlänge a, in dem zwei Tetraeder mit ebenen Schnitten durch die Punkte A, D, F bzw. B, C, E abgetrennt werden. Für das Volumen V_P eines jeden dieser Tetraeder gilt $V_P = \frac{1}{6}a^3$. Das Volumen V des so entstandenen Körpers ist daher

$$V = a^3 - 2 \cdot \frac{1}{6}a^3 = \frac{2}{3}a^3.$$

4 *Aufgepaßt!*

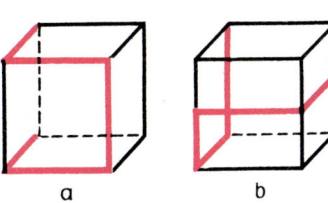

a   b

5 *Nicht im Netz verfitzen!*

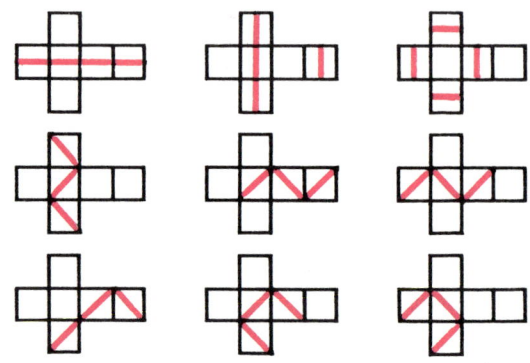

6 *Überall Werkstücke*

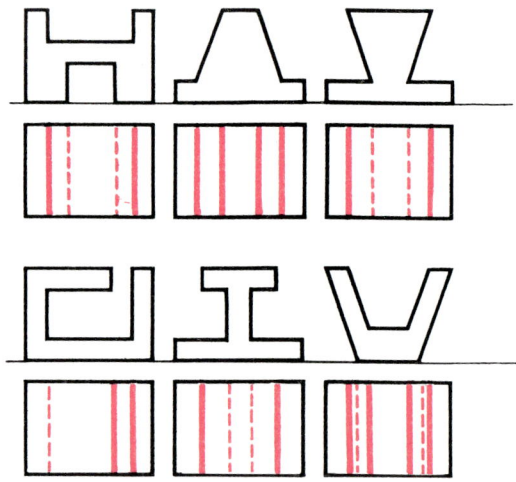

Würfeleien

1 a) $a_1 : a_2 = 2 : 6 = 1 : 3$

b) $A_{O_1} : A_{O_2} = 6a_1^2 : 6a_2^2 = 24 : 216 = 1 : 9$

c) $V_1 : V_2 = a_1^3 : a_2^3 = 8 : 216 = 1 : 27$

2 Aus $e = a\sqrt{3}$ folgt $a = \dfrac{e}{\sqrt{3}}$;

$A_O = 6a^2 = 6 \cdot \dfrac{e^2}{3} = \dfrac{6 \cdot 25}{3}\ cm^2 = 50\ cm^2$

Aus $V = a^3$ und $e = a\sqrt{3}$ folgt $V = \dfrac{e^3}{3\sqrt{3}} = \dfrac{e^3\sqrt{3}}{9}$.

3 Aus $V = a^3$ und $A_O = 6a^2$ folgt $a = \sqrt{\dfrac{A_O}{6}}$.

$V = a^3 = \left(\sqrt{\dfrac{A_O}{6}}\right)^3 = \dfrac{A_O}{6}\sqrt{\dfrac{A_O}{6}}$

4 $N = V_K : V_W$; $V_K = \dfrac{4}{3}\pi r^3$; $V_W = (2r)^3$

$N = \dfrac{4}{3}\pi r^3 : (2r)^3 = \pi : 6$

Die maximale Ausnutzung N beträgt stets $\dfrac{\pi}{6}$.

5 Der Radius ist gleich der halben Raumdiagonale.

$2r_a = a\sqrt{3}$; $a = \dfrac{2\sqrt{3}}{3}$; $r_i = \dfrac{a}{2} = \dfrac{1}{3}\sqrt{3}$

6 Aus $\varrho = \dfrac{m}{V}$ folgt $V = \dfrac{m}{\varrho}$. Außerdem gilt $V = a^3$.

Aluminium: $V = \dfrac{1\,000}{2,7}\ cm^3$; $a_1 = \sqrt[3]{\dfrac{1\,000}{2,7}}\ cm = 7,18\ cm$.

Eisen: $a_2 = 5,04\ cm$; Silber: $a_3 = 4,57\ cm$; Gold: $a_4 = 3,73\ cm$.

7 Aus $V = a^3$ folgt $a = \sqrt[3]{V} = \sqrt[3]{50\,000}\ cm = 37\ cm$.

$A_O = 5 \cdot 37^2\ cm^2 = 5 \cdot 1\,369\ cm^2 = 0,68\ m^2$.

Es werden $0,68\ m^2$ Blech benötigt.

8 a) $V_W : V_O = 6 : 1$; b) $V_O : V_W = 9 : 2$;

c) $O_W : O_O = 2\sqrt{3} : 1$; $O_O : O_W = 3\sqrt{3} : 2$

9 Aus $V_R = 5\,120$ cm^3 bzw. $V_R = x^3 - (x - 8)^2 \cdot x$ folgt

$$x^3 - (x - 8)^2 \cdot x = 5\,120$$
$$x^2 - 4x - 320 = 0.$$
$$x_1 = 20; \ (x_2 = -18 \ \text{entfällt}).$$

a) Die Kantenlänge y des durchstoßenden Würfels beträgt
$(x - 4 - 4)$ cm $= (20 - 4 - 4)$ cm $= 12$ cm.

b) Die Innenfläche des Restkörpers besteht aus 4 Rechtecken
mit $A = x \cdot y$ bzw. $4A = 4 \cdot 20 \cdot 12$ cm$^2 = 960$ cm^2.

10 Der mit Luft gefüllte Teil des Behältervolumens hat die
Form eines dreiseitigen Prismas mit der Höhe $h = 100$cm, dessen
Grundfläche ein rechtwinkliges Dreieck mit der Grundlinie
$g = 100$ cm und der Höhe h' ist. Dieses Dreieck ist dem Dreieck
an der Unterseite des Behälters ähnlich, daher gilt

$$h' : 100 = 12 : \sqrt{100^2 - 12^2} \ ; \ h' = 12{,}08 \ \text{cm}$$

$$V_{\text{Luft}} = \frac{hh'g}{2} = 60\,400 \text{cm}^3;$$

$$V_{\text{Wasser}} = V - V_{\text{Luft}} = 940 \ \text{dm}^3$$

11 $V_R = V - 8 \cdot V_P = a^3 - 8 \cdot \dfrac{a^3}{162} = \dfrac{77}{81}\,a^3$

12 $V_{\text{Restkörper}} = V_{\text{Würfel}} - (4V_{\text{Eckpyr.}} + 4V_{\text{Innenpyr.}})$

$$V = a^3 - \left(4 \cdot \frac{1}{3} \cdot \frac{a^2}{8} \cdot a + 4 \cdot \frac{1}{3} \cdot \frac{a^2}{4} \cdot a\right);$$

$$V = a^3 - \frac{a^3}{2} = \frac{a^3}{2}$$

Magische Quadrate

1

3	17	7
13	9	5
11	1	15

2

$\frac{1}{5}$	$\frac{9}{10}$	$\frac{2}{5}$
$\frac{7}{10}$	$\frac{1}{2}$	$\frac{3}{10}$
$\frac{3}{5}$	$\frac{1}{10}$	$\frac{4}{5}$

3 Die drei Zeilen seien mit *a*, *b* und *c*, die drei Spalten mit *d*, *e* und *f* gekennzeichnet. Die drei Spalten lassen sich auf sechsfache Weise anordnen: *def*, *dfe*, *edf*, *fde*, *fed*. Außerdem lassen sich die Zeilen auf sechsfache Weise anordnen: *abc*, *acb*, *bac*, *bca*, *cab*, *cba*. Darüber hinaus darf man die Zeilen gegen die Spalten austauschen. Es gibt also $6 \cdot 6 \cdot 2 = 72$ verschiedene Anordnungen; dabei ist die gegebene Anordnung mit eingeschlossen.

4

−16	+12	+10	−10
+6	−6	−4	0
−2	+2	+4	−8
+8	−12	−14	+14

5

8	1	3	6
2	7	5	4
5	4	2	7
3	6	8	1

6

2	5	8	11	14
4	8	12	16	20
6	11	16	21	26
8	14	20	26	32
10	17	24	31	38

7

```
   *     *
            *
*  *     *  *
*     *  *
*
```
(eine Möglichkeit)

8

1	2	3	4	5
4	5	1	2	3
2	3	4	5	1
5	1	2	3	4
3	4	5	1	2

(eine Möglichkeit)

9a   **9b**

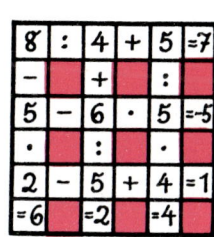

10 Doppelkreise $3 + 14 + 15 + 8 = 40$.
Symmetrieachse $7 + 5 + 13 + 12 + 1 + 2 = 40$
Symmetrieachse $4 + 10 + 11 + 9 + 0 + 6 = 40$

129

11

12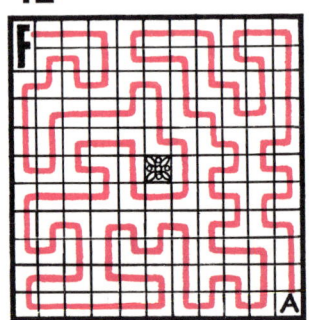

Rätsel und Spiele

Kryptarithmetik

1 $1\,000 - 999 = 1$

2 $10\,000 = 100^2$; $40\,000 = 200^2$; $90\,000 = 300^2$; $60\,025 = 245^2$; $80\,089 = 283^2$

3 $49 + 952 = 1\,001$

4 $52 \cdot 11 = 572$

5 $65 \cdot 5 = 325$;

$45 \cdot 7 = 315$;
$75 \cdot 5 = 375$;
$55 \cdot 7 = 385$;
$35 \cdot 9 = 315$

6 $\sqrt{169} = 13$; $\sqrt{289} = 23$; $\sqrt{529} = 17$; $\sqrt{729} = 27$

7 $(1 + 7)^2 = 64$

8 $12{,}21 : 1{,}11 = 11$; $32{,}23 : 2{,}93 = 11$ usw.

9 $11 \cdot 101 = 1111$

10 $144 = 12^2$

11 $25 \cdot 25 = 625$

12 $99 + 1 = 100$

13 $811 + 181 + 118 = 1110$

14

$$2 + 2 = 4$$
$$+ \quad \cdot \quad -$$
$$2 \cdot 2 = 4$$
$$\overline{4 - 4 = 0}$$

15 $98 - 89 = 9$

16
$$(2 + 2) + 3(6 + 6) = 2^2 + 6^2$$
$$4 \quad + \quad 36 \quad = 4 + 36$$
$$40 \quad = 40$$

17 $\sqrt{50\,625} = 225$
$222 \cdot 222 = 49\,286$
$43^3 = 79\,507$
$4 + 3 = 7$
$(28)^3 = 21\,952$

18 Es gibt genau 6 Lösungen:

37 291	87 291	45 321
+89 250	+39 250	+92 360
126 541	126 541	137 681

95 321	74 631	94 631
+42 360	+93 620	+73 620
137 681	168 251	168 251

19 Da im dekadischen Positionssystem gerechnet wird, gilt

$$(10^4 \cdot W + 10^3 \cdot O + 10^2 \cdot C + 10 \cdot H + E) \cdot 4 =$$
$$10^4 \cdot M + 10^3 \cdot O + 10^2 \cdot N + 10 \cdot A + T.$$

Dabei sind die Buchstaben jeweils durch eine natürliche Zahl, die kleiner als 10 ist, zu ersetzen. Ferner ist $W \neq 0$, $M \neq 0$. Wegen $4 \cdot W < 10$ ist W gleich 1 oder 2, ferner ist O gleich 0, 3, 6 oder 9, da sonst ein Widerspruch auftreten würde; denn der Übertrag kann nur 0, 1, 2 oder 3 sein.

13 274	13 402	19 863
+13 274	+13 402	+19 863
+13 274	+13 402	+19 863
+13 274	+13 402	+19 863
53 096	53 608	79 452

20 Es gibt mehrere Lösungen:

58 015	67 016	43 014
+65 412	+56 412	+84 512
123 427	123 428	127 526

21 Die Summe zweier vierstelliger Zahlen ist stets kleiner als 20 000; daraus folgt $F = 1$; wegen $R + S \neq 1$ gilt also $R + S = 11$. Daraus folgt $E + N + 1 = 10 + N$, d. h. $E = 9$. Daraus folgt weiter $I + I + 1 = 9$ oder $I + I + 1 = 19$; da $I \neq 9$ ist, gilt $I = 4$. Man erhält $R + S = 11$, daher folgende Möglichkeiten

R	S	U	V	N
3	8	5	6	0,2 oder 7
3	8	6	7	0,2 oder 5
5	6	2	3	0,7 oder 8
5	6	7	8	0,2 oder 3

Das sind insgesamt 12 Lösungen; hierzu kommen noch durch Vertauschung von R und S weitere 12 Lösungen, so daß die Aufgabe insgesamt 24 Lösungen hat. Eine Lösung ist z. B.:
$6\,493 + 9\,408 = 15\,901$

22 Man setzt für N der Reihe nach 0, 2, 4, 6 und 8 ein. Dann gibt es für R stets zwei Möglichkeiten, wobei entweder $R \leqq 5$ oder $R > 5$ gilt. Für $N = 2$ und $N = 6$ wird $R \leqq 5$ ungerade und $R > 5$ gerade. Das führt zu Widersprüchen, da im ersten Falle R (wegen $E + E = R$ bzw. $E + E = R + 10$) gerade, im zweiten Falle (wegen $E + E + 1 = R$ bzw. $E + E + 1 = R + 10$) ungerade sein müßte. Man braucht also nur noch die übrigen Fälle zu untersuchen.

1. Es sei $N = 0$. Dann folgt daraus $R = 0$ (Widerspruch) oder $R = 5$ und weiter $E = 2$ oder $E = 7$.
Aus $E = 2$ folgt $M = 1$ und $T = 1$ (Widerspruch) oder $T = 6$ und daraus $A = 9$. Mithin bleiben für U, V, L nur 3, 4, 7 und 8. Wegen $U + V + 1 = L + 10$ erhält man die beiden Lösungen
$U = 4$, $V = 8$, $L = 3$;
$U = 8$, $V = 4$, $L = 3$;
Aus $E = 7$ folgt $M = 6$ und $T = 3$ oder $T = 8$.
Aus $T = 3$ folgt aber $A = 0$ (Widerspruch). Aus $T = 8$ folgt $A = 9$. Für U, V, L bleiben mithin 1, 2, 3 und 4. Das ergibt wegen $U + V + 1 = L + 10$ keine Lösungen.
II. und III. Die Fälle $N = 4$ und $N = 8$ werden analog untersucht, wobei zu beachten ist, daß zu jeder Zahl N zwei verschiedene Zahlen R, zu jeder Zahl R ebenso zwei verschiedene Zahlen E und zu jeder Zahl E ebenfalls zwei verschiedene Zahlen T möglich sind, deren Differenz jeweils 5 beträgt.
Für $N = 4$ treten bereits bei allen vier für E möglichen Zahlen Widersprüche auf, während man aus den übrigen Fällen noch die folgenden 6 Lösungen ermittelt:

N	8	8	8	8	8	8		A	9	9	0	0	0	0
R	4	4	4	4	9	9		U	5	7	2	9	5	6
E	2	2	7	7	4	4		V	7	5	9	2	6	5
M	1	1	6	6	3	3		L	3	3	1	1	1	1
T	6	6	3	3	2	2								

Damit sind alle Möglichkeiten erschöpft.

23

$$27 + 8 = 35$$
$$- \quad - \quad -$$
$$\underline{10 + 5 = 15}$$
$$17 + 3 = 20$$

24

$$2\frac{1}{3} : 3 = \frac{7}{9}$$
$$- \quad \cdot \quad +$$
$$\underline{\frac{1}{9} + \frac{1}{3} = \frac{4}{9}}$$
$$2\frac{2}{9} - 1 = 1\frac{2}{9}$$

25

$$120 : 15 = 8$$
$$- \quad : \quad +$$
$$\underline{6 \cdot 5 = 30}$$
$$114 : 3 = 38$$

26

$$\frac{1}{3} + \frac{1}{3} + \frac{1}{3} = 1$$

$$\frac{1}{2} + \frac{1}{3} + \frac{1}{6} = 1$$

$$\frac{1}{2} + \frac{1}{4} + \frac{1}{4} = 1$$

27

$$4 \cdot 9 : 3 + 20 = 32$$
$$8 : 2 + 32 - 6 = 30$$
$$\underline{6 \cdot 2 + 12 : 2 = 18}$$
$$18 - 13 + 47 + 28 = 80$$

28

$$5 - 3 = 2$$
$$2 + 5 = 3 + 3 + 1$$
$$2 + 3 = 5 + 5 - 5$$

29

$$89 + 54 = 143$$
$$136 + 7 = 143$$

Andere Rätsel

1 *Kreuzzahlrätsel*

3	5	7		4	2	0
3	3		4		6	2
3		1	0	1		7
	1	9	6	8	3	
2		1	3	0		9
2	0		2		4	9
2	7	0		9	9	9

2 *Die Reihenfolge bringt die Lösung:* Die Streifen sind in folgender Reihe aneinanderzulegen:
8; 1; 3; 7; 9; 6; 2; 5; 4; 10.
Der Ausspruch lautet dann: Eine Wissenschaft ist erst dann voll entwickelt, wenn sie dahin gelangt ist, sich der Mathematik zu bedienen.

3 *Welchen Beruf übt Frau Kimmer aus?* Frau Kimmer ist von Beruf Mathematiklehrer.

4 *Rösselsprung:* Im rechtwinkligen Dreieck ist das Quadrat einer Kathete gleich dem Produkt aus der Hypotenuse und dem zur Kathete gehörenden Hypotenusenabschnitt (Kathetensatz).

5 *Füllrätsel:*

1	2	3	4	5	6	7	8	9
T	E	I	L	M	E	N	G	E
E	U	N	I	O	B	E	A	L
I	L	H	T	D	E	N	U	F
L	E	A	E	E	N	N	S	E
E	R	L	R	L	E	E	S	C
R		T		L		R		K

6 *Das »R« auf der Treppe:* 1. Radius, 2. Trapez, 3. Würfel, 4. Aufriß, 5. Zentri, 6. Hektar.

Wir falten

1 Man halte den Bogen mit der beschrifteten Seite nach unten, so daß beim Betrachten des Bogens von oben die numerierten Quadrate in folgender Stellung liegen:

2	3	5	6
1	8	7	4

Nun falte man die rechte Hälfte des Bogens nach links, so daß die 5 über der 2, die 6 über der 3, die 4 über der 1 und die 7 über der 8 liegt. Die untere Hälfte falte man nun nach oben, so daß die 4 über der 5 und die 7 über der 6 liegt. Anschließend falte man 4 und 5 zwischen 6 und 3 und falte 1 und 2 unter das Paket.

2

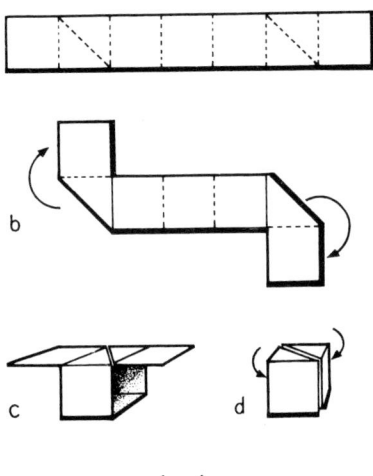

3

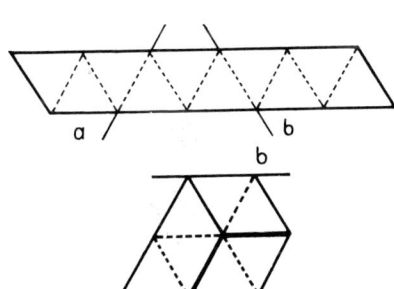

4 In der 3. und 4. Spalte liegt im Uhrzeigersinn die verlangte Buchstabenfolge *LFGA* vor. Damit *L* und *F* sowie *A* und *G* jeweils übereinanderliegen, beginnt man, indem man ^A_L unter ^G_F faltet. Um zu erreichen, daß *G* und *F* aufeinanderliegen, faltet man *ONG* (wobei *A* mitgeführt wird) auf *WGF* (worunter *L* liegt). Nun liegen *OW*, daneben *NG* sowie daneben *AGFL* jeweils in dieser Reihenfolge untereinander. Die letztgenannten vier Buchstaben legt man nun auf *N* (worunter *G* liegt), um *LFGANG* zu erhalten. Schließlich faltet man *O* (wobei *W* mitgeführt wird) auf *L* (worunter *FGANG* liegt) und erhält dadurch *WOLFGANG*.

Wir schneiden

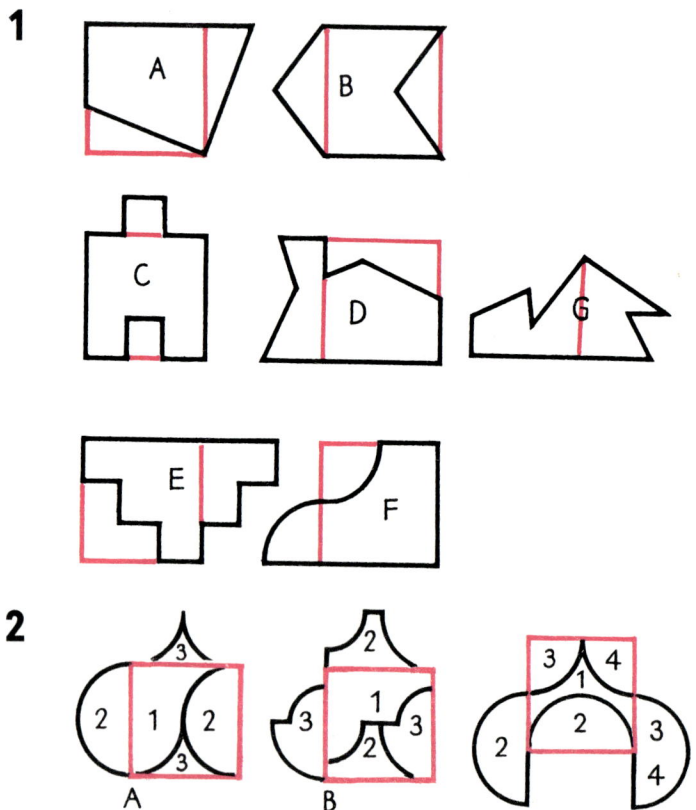

3 Es gibt 6 Möglichkeiten.

Erst schätzen, dann rechnen

1 Es seien M_1 der Mittelpunkt und r_1 der Radius des größeren Halbkreises, M_2 der Mittelpunkt und r_2 der Radius des kleineren Halbkreises. Ferner seien $\overline{AB}$ und $\overline{AC}$ die beiden im Punkt A aufeinander senkrecht stehenden Sehnen. Dann ist nach Voraussetzung $\sphericalangle M_1AB = 60°$, also auch $\sphericalangle BM_1A = 60°$. Ferner ist $\overline{AB} = r_1$, da das Dreieck M_1AB gleichseitig ist. Wegen $\sphericalangle BAC = 90°$ gilt $\sphericalangle CAM_2 = 30°$.

Ist D die Mitte der Sehne $\overline{AC}$, so gilt $\cos 30° = \dfrac{\overline{AD}}{r_2}$, also

$\overline{AC} = 2\overline{AD} = 2r_2 \cos 30° = r_2 \sqrt{3}$. Wir erhalten also

$\overline{AC} : \overline{AB} = r_2 \sqrt{3} : r_1$.

Nach Voraussetzung gilt nun

$\dfrac{r_2^2 \pi}{r_1^2 \pi} = \dfrac{1}{3}$, also $\dfrac{r_2}{r_1} = \dfrac{1}{\sqrt{3}}$.

Daher gilt $\dfrac{\overline{AC}}{\overline{AB}} = \dfrac{r_2}{r_1} \sqrt{3} = \dfrac{1}{\sqrt{3}} \cdot \sqrt{3} = 1$, d. h. $\overline{AC} = \overline{AB}$.

Die beiden Sehnen $\overline{AB}$ und $\overline{AC}$ sind also gleich lang.

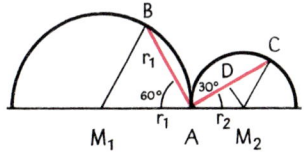
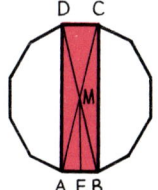

2 Es sei A der Flächeninhalt des Zwölfecks. Ferner sei M der Mittelpunkt des Umkreises des Zwölfecks. Dann ist der Flächeninhalt I des Dreiecks MAB gleich $\dfrac{A}{12}$; denn wir können das Zwölfeck in 12 einander kongruente Dreiecke zerlegen, die ihre Spitze in M haben. Nun gilt für den Flächeninhalt des Rechtecks $ABCD$

$F = \overline{AB} \cdot \overline{AD} = \overline{AB} \cdot 2\overline{ME} = 4 \cdot \dfrac{\overline{AB} \cdot \overline{ME}}{2} = 4I$

$= 4 \cdot \dfrac{A}{12} = \dfrac{A}{3}$.

Alle drei Teilfiguren haben den gleichen Flächeninhalt, nämlich $\dfrac{A}{3}$.

3 Wir bezeichnen die Eckpunkte des regelmäßigen Zwölfecks mit P_1, P_2, P_3, …, P_{12}, den Mittelpunkt seines Umkreises mit M und die Mitte der Strecke $\overline{P_3M}$ mit D. Ferner bezeichnen wir den Flächeninhalt des regelmäßigen Zwölfecks mit A und den der linken Teilfigur $P_1P_2P_3P_4P_5$ mit A_1, den der mittleren Teilfigur $P_1P_5P_6P_7MP_{11}P_{12}$ mit A_2, den der rechten Teilfigur $MP_7P_8P_9$. $P_{10}P_{11}$ mit A_3. Den Radius des Umkreises bezeichnen wir mit r. Dann ist wegen $\angle P_5MP_3 = 60°$ und wegen $\overline{MP_5} = \overline{MP_3}$ das Dreieck P_5MP_3 gleichseitig mit den Seitenlängen r und der Höhe $\overline{P_5D} = \dfrac{r}{2}\sqrt{3}$. Der Flächeninhalt des Dreiecks MP_1P_5 beträgt also $\dfrac{r^2}{4} \cdot \sqrt{3}$.

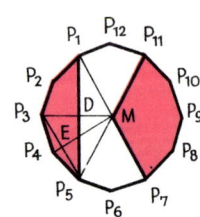

Ferner ist, wenn man den Schnittpunkt der Strecken $\overline{MP_4}$ und $\overline{P_5P_3}$ mit E bezeichnet, $\overline{P_5E} = \dfrac{r}{2}$ und $\overline{MP_4} = r$, also der Flächeninhalt des Dreiecks MP_4P_5 und aller anderen elf gleichschenkligen Dreiecke, deren Basis eine Zwölfeckseite ist und deren Spitze in M liegt, gleich $\dfrac{r^2}{4}$. Wir erhalten daher

$$A_1 = 4 \cdot \frac{r^2}{4} - \frac{r^2}{4}\sqrt{3} = \frac{r^2}{4}(4 - \sqrt{3}),$$

$$A_2 = 4 \cdot \frac{r^2}{4} + \frac{r^2}{4}\sqrt{3} = \frac{r^2}{4}(4 + \sqrt{3}),$$

$$A_3 = 4 \cdot \frac{r^2}{4} = r^2.$$

Daraus folgt $A_1 + A_3 = \dfrac{r^2}{4}(8 - \sqrt{3})$, also $A_1 + A_3 > A_2$, d. h., der Flächeninhalt der mittleren Teilfigur ist etwas kleiner als die Summe der Flächeninhalte der beiden äußeren Teilfiguren.

Bei Kopf + Nuß erschienen:

Konrad Haase/Dietmar Lehmann
Nanos Physikabenteuer

120 Seiten, 66 ein- und zweifarbige Zeichnungen,
Kt.DM 16,80
ISBN 3-332-00477-8

Maskottchen Nano präsentiert Ihnen über 100 Physik-
Tüfteleien, garniert mit allerlei Zutaten.
Die Themen? Alltägliches, Physik, die man sozusagen
ein- und ausatmet. Und Geschichten, Phantastisches:
Wissen Sie, wie man eine „Kohlensonne" baut, oder
welche geheimnisvolle Kraft im Jahre 1912 bei einem
spektakulären Unfall den Kreuzer „H.M.S.Hawk" auf
den Ozeanriesen „Olympic" trieb?
Nano rechnet alles vor, ausgiebig und einfach!

Hugo Steinhaus
Studentenfutter
100 Aufgaben für Mathe-Feinschmecker

177 Seiten, 131 zweifarbige Zeichnungen, 8 Tabellen, Kt.DM 16,80
ISBN 3-332-00478-6

Ob es um die Raumdiagonale eines Ziegelsteins, um
Blutgruppen, Billard, Schach, um ein Schmugglerboot
oder um Dr.Abrakadabras neues Zahlensystem geht –
Originalität und Pfiffigkeit stecken stets in den Aufgaben. Und in den Lösungen! Steinhaus' Unterhal-
tungsmathematik hat etwas vom Zauber des Spitzen-
denkers.
Erst stutzt man, dann plötzlich klickt es: Aha! Und die
Sache ist klar.

Bei Kopf + Nuß erschienen:

Rüdiger Thiele/Konrad Haase
Der verzauberte Raum
Spiele in drei Dimensionen

116 Seiten, 96 ein- und zweifarbige Zeichnungen,
34 SW-Fotos, Kt. DM 16,80
ISBN 3-332-00480-8

Ein neues „golden age of Puzzles"? Wir präsentieren
Ihnen die klassischen bunten Würfel MacMahons,
Piet Heins Somawürfel, jede Menge verrückter kubi-
scher Käfige, in denen Kreuze und Kugeln gefangen
sitzen. Wahnsinnspuzzles im Raum! Mit vielen Bau-
plänen zum Selbermachen, mit Kniffelaufgaben nebst
ausführlichen optischen Auflösungen und einem Schuß
Spielgeschichte.